蔣偉文的幸福廚記

72 道超人氣家常料理，享受美味好食光

做菜可以輕鬆有趣

　　蔣偉文才華洋溢，不但長的帥，口才好，反應快，而且興趣廣泛，機智幽默，在中廣主持《蔣公廚房》，甚獲聽眾喜愛，我不久前到非洲旅行，請他代我主持《趙少康時間》，也紅到不行。

　　《蔣偉文的幸福廚記》深入淺出，圖文並茂，涵蓋所有的家常美食，雞、豬、牛、海鮮、蔬菜、飯麵、羹湯，如果你是新手，按圖料理，一定可以技驚四座；如果你是老手，切磋琢磨，也可以更上層樓。

　　蔣偉文平常說話雖然風趣，但教起做菜來卻十分嚴肅，一板一眼，毫不含糊，該放幾支蔥，該加幾匙水，該用多少醬油，清清楚楚，我最怕看食譜上說「鹽少許、糖少許」，少許少許，到底是多少？

　　　　　　　　　　　　　　　　　我喜歡做菜，洗手做羹湯，其樂無窮，看《蔣偉文的幸福廚記》，簡簡單單的又可多學做許多道好吃的菜 ！

中廣公司董事長　

創造你的幸福廚房

　　認識 Jacko 是在錄《吃飯皇帝大》的時候，那時節目已經播出有一陣子了，因為節目型態活潑詼諧，又很生活化，因此收視率不錯！常常在錄影前兩天會接到 Jacko 打電話，問有關做菜的問題，問完之後他在家試做，有問題就會再來問的更仔細。Jacko 就是這樣認真的做節目，也就這樣，跟著許多師傅練就了一身好手藝。

　　節目播出結束之後，Jacko 又來找我學做菜，我們有了更多接觸的機會，我很好奇一個在美國長大的男生會喜歡做菜，詢問之下才知道是答應女朋友做一道菜給她吃，果然愛情的力量很有魔力，一道又一道的就使 Lisa 變成蔣太太了。再加上蔣爸爸不放心兒子天天外食，所以在長途電話中還傳授炸醬麵等一些家常菜的做法給 Jacko，慢慢地讓 Jacko 對做菜產生了興趣，現在不但做給太太吃，也還做給兒子吃呢！

　　在大環境因素的改變下，許多人雖然知道外食有許多缺點，但是自己在家做菜又不知從何下手，所以當 Jacko 說，他想從一個步驟一個步驟的分解小圖來教新手如何做菜時，我也十分贊同，由於現成的圖片就在眼前，只要跟著做就會成功，再加上每道菜都有實做心得，是給新手們很大的信心和動力。Jacko 能夠成功，你也一定會成功！一一把蔣偉文的幸福廚房變成你的幸福廚房！

烹飪名師　

從料理中找到幸福能量

　　我的第一本食譜，是八年前跟我老婆 Lisa 剛認識，她送我的情人節禮物。當年的我，完全是個料理的門外漢，我的廚房裡沒有菜刀，只有切蘋果的水果刀，醬油是拿來沾水餃的，糖是泡咖啡用的，一包鹽不知道買了多久也從沒打開過。所以當我發現我的情人節禮物是「一本食譜」的時候，真是讓我一頭霧水！Lisa 把食譜遞給我，希望我可以做一道「椰汁魚片」給她吃，當作是送她的情人節回禮。二話不說我立刻答應，因為做一道料理的花費，比買一個名牌包或出國旅遊一趟便宜太多了！

　　首先，我到超市買齊了所需要的食材、調味料和料理用具，然後照著食譜的文字敘述，將「椰汁魚片」一步一步的完成了。雖然從採購到料理完成總共花了快五小時，但是將一盤熱騰騰的椰汁魚片端上桌，非但不覺得累，還洋洋得意。看著自己第一次下廚的完成品，心中暗爽不已。沒想到，Lisa 吃了一口，眉頭一皺全吐在桌上，冷冷的說：「怎麼這麼難吃？你有照食譜做嗎？」天啊，這對愛面子的男人來說根本是奇恥大辱！從此，我對做菜燃起了莫大的鬥志，一開始只是為了爭一口氣，希望有一天能做出讓 Lisa 稱讚的美味料理，但是萬萬沒想到，因為開始下廚，我的生活變得很不一樣！

　　每天一大早，我就去買食材，洗菜、切菜、備料、練習做菜，當然也洗碗善後。有時候為了做好一道菜，重做五次十次以上都可以。如此一來，不僅從料理的過程中練出了體力、耐力及組織能力，更重要的是，我在廚房裡找到幸福的能量。幾年前我和 Lisa 步入了結婚禮堂，攜手共組家庭，在廚房，我做菜給心愛的人吃；兒子出生後，老婆做副食品給兒子吃，料理將我們一家人的心連在一起。我很幸運，因為下廚做菜，讓我成為一個好丈夫、一個好爸爸、一個愛家的料理人。

　　這《蔣偉文的幸福廚記》跟大家分享的是我做給最愛的家人吃的 72 道幸福料理；也是 72 道適合料理新人入門的家常美味，而且完全不需要烤箱或油炸！還要特別感謝程安琪老師，不藏私的讓我使用她的食譜來分享實做心得。也希望有更多的料理新手，或是還在觀望的門外漢，可以利用書中詳細的料理步驟圖，放心的自己動手下廚，進入料理的世界，找到屬於自己的那份幸福。

目錄

Part 1　雞肉料理

Part 2 豬肉料理

Part 3 牛肉料理

Part 4　蔬菜料理

Part 5　海鮮料理

Part 6 飯麵料理

Part 7 湯料理

本書使用的常備食材

白蘿蔔

富含膳食纖維及維生素C，因維生素C原本就不耐熱，加上其中所含的澱粉酶超過70℃就會被破壞，所以較適合做涼拌。建議選購表皮光滑、有硬度、手感較重，輕敲時聲音響脆的。

胡蘿蔔

胡蘿蔔所含的β-胡蘿蔔素會在人體內轉化成維生素A，使皮膚變光滑。因β-胡蘿蔔素為脂溶性，所以建議大家將胡蘿蔔與油拌炒，藉此吸收維生素A。

甜椒

俗稱燈籠椒、柿子椒，含β-胡蘿蔔素、維生素A、維生素B群、維生素C……等多種營養素。可生食做成沙拉，也可以油熱炒或將肉鑲進果實內，製作甜椒鑲肉。

綠花椰菜

又稱花菜、菜花，含有膳食纖維、維生素A、B₁、B₂、C……等豐富營養素。選購時以顏色翠綠、莖的長度在5～6公分，莖底為綠的為佳。料理前建議將花椰菜汆燙過，以免營養成分過度流失。

高麗菜

又稱甘藍菜、包心菜、捲心菜，富含膳食纖維、維生素B群、維生素C，可幫助預防感冒並促進腸胃蠕動。選購時以包覆完整、顏色青翠、莖部完整為原則。因含有的營養素多為水溶性，所以不建議水煮。

菠菜

含豐富的鐵質，有補血、止血的作用，其所含的膳食纖維可促進腸胃蠕動。烹調前建議先將菠菜汆燙，以去除過多的草酸。適合涼拌或是熱炒。

空心菜

俗稱通心菜、蕹菜、雍菜，含有膳食纖維、類胡蘿蔔素，維生素A、C等營養素。選購時以整株翠綠、葉梗脆嫩為原則，因空心菜烹調時容易變黑，建議以大火快炒。

青江菜

又稱湯匙菜、青江白菜，含有蛋白質、膳食纖維、鈣、鉀、鐵、維生素B群等營養素，料理時可加少許鹽和油以去除澀味。

蘆筍

別名筍尖，含葉酸和鐵，可預防貧血。久放易造成纖維老化，營養價值降低，烹飪時不宜高溫久煮，以免抗癌效果下降。

小白菜

屬性微寒，含有膳食纖維、粗纖維，維生素A、C等營養素。因所含水分較多，不宜久煮，較適合以大火快炒的方式烹調。

韭菜

也稱作扁菜，含有類胡蘿蔔素、膳食纖維、維生素A、B群、C、鈣、磷、鐵等，可改善貧血。建議熱炒或煮湯，才能有效攝取其中的維生素。

大白菜

含維生素B群、C，膳食纖維、鈣、鉀、磷等。因水溶性營養素含量多，不宜久泡。此外，也不宜使用銅製鍋具料理，以免其中的維生素C被銅離子破壞。

竹笙

為一種蕈類，經常以乾貨的形式出售，本身沒有什麼味道，多被用來燴或熬煮，選購時宜選擇顏色金黃、形狀完整、氣味清淡的較佳。

南瓜

又被稱為金瓜，含有鐵、膳食纖維、類胡蘿蔔素、維生素A等豐富營養素。建議以油烹炒，幫助其中的類胡蘿蔔素被人體吸收。

小番茄

含有茄紅素、類胡蘿蔔素、磷、鐵、鉀、鈉等營養素，當中的茄紅素可延緩老化，建議以大火快炒的方式烹調，以免營養素流失。

雪裡紅

又稱雪菜、雪裡蕻、春不老，為芥菜的變種，常被用來製作成鹹菜或梅菜，也被用來炒肉或燉豆腐。

乾木耳 / 木耳

含有膳食纖維、維生素B_2、磷、鈣、鐵等物質，可養顏美容、促進腸胃蠕動。烹調前須以開水泡發，並將未泡開的部分去除。

韭菜花

韭菜花與韭菜為同一種植物，但部位不同，一般常吃的莖葉部分叫韭菜，花蕾花莖的部分則稱作韭菜花。可以熱炒也可以磨碎後做成韭花醬。

竹筍 / 冷凍筍

竹筍不僅低糖、低脂肪，膳食纖維含量也高，可消除脂肪。適合與肉類搭配，也常被做成消暑的沙拉食用。若不擅長處理竹筍，也可至超市直接購買處理好的冷凍筍，但沒鮮竹筍那麼鮮甜。

小黃瓜

別名花瓜、小胡瓜，屬性較寒，含有維生素A、B群、C及醣類、膳食纖維、鈣、磷、鐵等營養素。可生食或搭配薑片、蒜片熱炒後食用。

蘋果

含膳食纖維、檸檬酸、蘋果酸、鐵、磷、鉀等營養素，可促進腸胃蠕動，改善便秘。可直接生食，或做成沙拉食用。

牛番茄

所含的豐富茄紅素，具有抗氧化效果，當中的維生素C含量是蘋果的十倍。經常被用來製作紅酒燉牛肉或是義大利麵等料理。

乾香菇 / 鮮香菇

含蛋白質、醣類、鉀、鐵、膳食纖維、鈣、碘、鎂、鈉等，若使用乾燥香菇，需用熱水將其泡發，才能釋放其中的鮮味物質，但不能泡太久，以免鮮味流失。

花菇

含蛋白質、胺基酸、脂肪、粗纖維、維生素B_2、C等營養素，這種香菇的質地較厚，保存期限較長，外型美觀，吃起來脆爽鮮美，是烹調的好材料。

金針菇

含豐富營養素，當中的維生素 B_1 有降血脂、減重等作用，但須注意金針菇是高普林食物，痛風患者不宜食用。金針菇經常被作為火鍋配料，或被做成涼拌料理食用。

杏鮑菇

俗稱鮑魚菇，口感及顏色與鮑魚類似，是非常常見的食材，經常被用來烹煮成素菜，或與其他食材一起熱炒，也有人將其油炸，於夜市販賣。

洋菇罐頭

主要成分為洋菇粒、鹽、檸檬酸和水，使用洋菇罐頭有時候是為了菜肴的美觀度，因為以洋菇罐頭煮湯，不會像新鮮洋菇一樣漂浮起來，除此之外，罐頭也較新鮮洋菇容易保存。

豌豆（硬莢）

為硬莢品種的豌豆，又稱豌豆仁，種子形狀較圓，一般只取其豆仁食用，它的豆仁又被稱為青豆仁，經常被做成罐頭或冷凍加工，也經常被拿來煮湯或油炸。

豆芽菜 / 銀芽

別稱為銀芽，含類胡蘿蔔素、維生素 A、B_1、B_2、C 等，市售豆芽菜可能經過漂白藥劑處理過，所以在烹調豆芽菜前，可先浸泡一會兒，並於加醋的滾水中汆燙一下以去除不好的物質。

荸薺

為水生植物的地下球莖，含有蛋白質、脂肪、胡蘿蔔素、維生素 B 等營養素，吃起來甜脆爽口，可涼拌、炒煮，也可放入肉丸中增添口感。

蝦米

別名海米、開洋、金勾。為多種蝦加工而成的乾貨，含有鉀、碘、鎂、磷等營養素，烹調前需用水清洗過，放入溫水中泡軟，經常被作為各種菜肴的配菜。

鴻禧菇

由日本引進的食用菇，又稱假松茸、海鮮菇，含有蛋白質、多醣體及多達 18 種的胺基酸等營養物質，且膽固醇、脂肪及熱量低。可煮湯、油炸、炒、燴，變化性很大。

洋菇

含水量達 90%，且脂肪含量極低，鐵質含量高，是非常適合減肥者食用的食材，經常應用於熱炒或西式料理中。

豌豆（軟莢）

豆又分軟莢與硬莢，照片中的為軟莢，又稱莢豌豆，形狀較長、扁，可整片食用，經常被拿來炒煮，吃起來清脆爽口。

青豆

即是豌豆仁，含纖維質、維生素 A、維生素 K 等營養素，熱量低，經常與玉米、紅蘿蔔一起炒煮，或與各種濃湯做搭配。

四季豆

富含鐵質，可幫助人體造血、補血，挑選時以外觀細膩、易折斷、豆粒不突出的為佳，建議以大火快炒的方式烹調。

毛豆

毛豆成熟後即為黃豆，含豐富蛋白質、脂質、維生素、礦物質等營養素，最簡單的吃法就是將毛豆以鹽水煮熟，直接剝開來吃，或是用來熱炒、煮湯。

馬鈴薯

含蛋白質、醣類、維生素 B_1、C、鉀、鈣、磷、鐵、鎂等營養物質，需注意未成熟、發芽或表皮轉綠的馬鈴薯是不可以食用的，若不慎食用會引發中毒症狀。

雞蛋

蛋白質含量豐富，並含有多種人體必需的胺基酸，不過雞蛋不宜生吃，也不宜存放過久。挑選時宜選擇外觀粗糙、乾淨、重量偏重的雞蛋，保存時應以鈍端朝上，擺放於蛋盒內冷藏。

蘿蔔乾

俗稱菜脯、菜甫，即為醃漬過的白蘿蔔乾，含維生素B、鐵，味道稍鹹，口感較脆，為一般家庭常出現的下飯菜。

泡菜

即為發酵過的蔬菜，可製作成泡菜的蔬果很多，有大白菜、高麗菜、白蘿蔔、小黃瓜等。常見的韓式泡菜，多由大白菜醃製，味道較濃，也較辛辣。

脆瓜

由小黃瓜醃漬而成的加工製品，經常用來燉煮瓜仔肉或做成脆瓜蒸肉，也可直接與白飯、稀飯搭配著吃。

豆豉

用來調整菜肴味道的發酵豆製品，又稱為蔭豉、大苦，原料為黑豆或黃豆，可用於拌、炒、沾、滷、去腥味。

豆腐

大豆蛋白的含量豐富，有蛋白質、鈣、卵磷脂、豐胱氨酸等營養，且不含膽固醇。挑選時以有彈性、無酸味、雜質，顏色不過白的豆腐為佳。

山藥 / 台灣山藥

含有的黏液蛋白可降血糖並維持血管彈性，對糖尿病或血管疾病的人有益。烹煮時應避免煮過久，以免破壞所含的澱粉酶及豐富營養素。白皮的日本山藥較適合涼拌生吃，黑皮的台灣山藥則適合燉煮。

魚板

又稱為蒲鉾（かまぼこ），為以魚漿為原料做成的日本食品，經常用於湯麵及火鍋料理中。

檸檬

富含維生素C、E、膳食纖維、核黃素等營養，在料理上有去腥的作用，經常被用來做成甜點、飲料或製作泰式料理。

枸杞

含甜菜鹼、多醣、核黃素、胡蘿蔔素、抗壞血酸等營養素，經常用於燉補料理中，可生吃，也可用來泡茶、煮粥，選購時需注意是否發霉、過期、受潮或腐爛。

麵筋

由不溶於水的麩質所組成，經常被作為素食者的肉類替代物。可至超市直接購買處理過的麵筋罐頭，與白飯或稀飯搭配著吃。

油豆腐

豆腐經過高溫油炸而成，外觀呈金黃色，內部水分已被抽乾，與一般豆腐相較，油豆腐的保存期限較長。

豆腐皮

為熱豆漿表面凝固的薄膜，通常會將其曬乾，作為烹飪材料。日本將其製成半乾的狀態，包裹於壽司外，即成為豆皮壽司。此外，常見的素雞、素鴨、素火腿等食品的主要材料也是豆腐皮。

本書使用的特殊香辛料

香菜

俗稱芫荽、香荽，能促進食慾、抗氧化，一般多為生食，所以須在處理時挑去爛黃葉片，並將其徹底清洗乾淨。

青蒜

大蒜的蒜葉即為青蒜，也被稱為蒜苗，與蔥的外觀相似，想分辨兩者，可將蔥綠及青蒜葉片折斷，觀察其切口來分辨，空心的為蔥，斷面扁平的為蒜。

紅蔥頭

別名火蔥、大頭蔥、油蔥，有幫助消化、促進食慾的作用，味道辛辣，常被用來增添菜餚的香氣，可油炸、煮湯或用來調味。

檸檬葉

含有槲皮素、根皮素、具有抗氧化功效。主要作用為增色及增香，經常被用於泰式料理的咖哩、湯、沙拉及熱炒中。

九層塔

又名羅勒，常被加入沙拉、濃湯或浸在酒、醋、油中製作香料酒、香料醋或香料油。羅勒的香味容易飄散掉，所以通常在料理的最後階段才會放入。

月桂葉

為歐洲地區常見的調味材料，飄散著清新優雅的香味。經常在燉煮牛肉、番茄或馬鈴薯濃湯時被加入，以增添菜餚香氣。

八角

別名八角茴香、大茴香，常用於紅燒、清燉、蒸煮牛肉上，以襯托肉的香味，也是滷汁裡常見的香料。

柴魚

由鰹魚腹部後方的肌肉加工製成，經常被用來製作日式高湯的湯底，或是與味噌湯、豆腐、章魚燒搭配食用。

本書使用的肉類、海鮮

棒棒雞腿

雞腿是雞經常活動的部位,所以肉質較嫩也較有彈性,雞腿去掉大腿連身的部位即是俗稱的棒棒腿。

去骨雞腿

已去骨的雞腿,料理方式非常多元,可以用來炒、煎、炸或蒸,一般多選擇白肉雞或仿土雞的去骨雞腿烹調。

雞翅

整隻雞翅又分為翅根、中翅和翅尖3個部位,屬於雞活動量較大的部位,雖肉量不多,但肉質細緻美味,通常會整支紅燒、滷煮、炸或烤。

雞胸

屬於白肉,含脂量低,又細分成雞柳條肉、雞胸肉和雞骨架,市面上許多加工品都是用它製作。常見的菜式有雞肉捲、雞絲炒牛蒡、辣子雞丁、宮保雞丁、咖哩雞排等。

牛肋條肉

牛肋條肉是指牛肋骨之間的肉,若是將肋骨一起取出,即為帶骨肋排。牛肋條肉可煎、炒、慢火燉煮,也可作為串燒的食材。

牛排

是廣受各年齡層喜愛的食材,可取自牛的各個部位,其中菲力牛排、肋眼牛排、紐約客牛排價位較高,而嫩肩裡脊、後腰脊肉、臀肉等部位,是經常被用來製作牛排的部位。

牛里肌

為牛背脊兩側的長條狀肉,肉質結實有嚼勁,適合烤、炒、炸、煎,常見的菜色有沙茶牛肉、蠔油牛肉、牛肉麵等。

火鍋牛肉片

因所取的部位,而有不同稱呼,若取自牛的胸腹,則稱為雪花牛肉片,此種牛肉片油脂適中,吃起來香嫩滑口,非常適合當作火鍋肉片。

火腿

含豐富蛋白質、礦物質及 18 種胺基酸，可增進食慾。但因本身已有鹹味，料理時需注意鹹度。經常被用來製作拼盤、冷盤或炒飯。

培根

一般由豬胸肉醃製而成，但也可以其他部位的肉醃製。常被切成薄片油煎，放入三明治、蛋餅中，也常被加入炒飯中與其他食材搭配。

梅花肉

豬的兩邊前腿肉中，各有一塊橢圓形的肉，即是梅花肉。是前腿肉的菁華，瘦肉中帶著軟筋及油花，可以紅燒、烤、炒、炸、滷，或做成絞肉、火鍋肉片。

帶皮五花肉

指豬腹部的肉，這個部位的肉又被稱為三層肉，油脂較多，但瘦肉的部分吃起來又軟又嫩。應用範圍很廣，煎、煮、炒、炸、燉皆可，常被用來做成東坡肉或肉燥。

絞肉

又分為牛絞肉及豬絞肉，中西式料理都適合使用此食材，變化性很高，可以蒸、炒、煎、炸，經常被做成肉燥或漢堡排。

豬里肌肉

豬背脊兩側的長條狀肉，此部位的肉油脂少，且吃起來柔嫩不乾澀，因此常被用來製作豬排。

火鍋豬肉片

可能取自豬隻的不同部位，較常做成火鍋肉片的為梅花肉，此部位做成的火鍋肉片油花漂亮，口感軟嫩鮮甜。

干貝 / 瑤柱（乾干貝）

干貝即是扇貝的閉殼肌，乾燥後的干貝被稱為瑤柱，需用水泡發才能使用。在料理中使用干貝，能使菜肴變得鮮甜。

蟹腿肉

將螃蟹腿部去掉殼，即能取下腿肉，肉質鮮嫩，適合各種年齡層的人食用，可以用來焗烤、熱炒、煮火鍋，煮海鮮湯……等。

台灣紅鯛

為紅色的吳郭魚，肉質鮮美滑嫩，刺少，是魚料理常用的魚種之一，可以用來乾煎、煮湯、紅燒、煮粥等。

鯛魚腹片／魚肉

肉質細緻，脂肪含量低，且含有豐富蛋白質。因買來時就已經去除魚刺，所以非常適合老人小孩食用。可用來做糖醋魚片、魚香炒魚片、椒鹽魚塊等料理。

鮮蝦

含豐富鈣質及蛋白質，但蝦頭膽固醇含量高，年紀大者不宜食用。常被拿來料理的品種有泰國蝦、草蝦、白蝦、毛蝦等。

銀魚

含有維生素A、維生素B群、維生素C、鈣、鉀、鈉等營養素，吃起來細緻柔軟，非常適合老人小孩食用。購買時須避免顏色太白的，因太白的銀魚很有可能添加了螢光劑或被漂白過。

蛤蜊

富含鐵質，可改善貧血，而其中所含的牛磺酸則能降低血膽固醇。烹煮時應避免加入過多調味料，以免蓋住蛤蜊的鮮甜味。

透抽（鮮魷魚）

又被稱為真鎖管，熱量低，含豐富蛋白質、EPA、DHA、礦物質等營養成分，吃起來清爽有彈性，可用來清蒸、燒烤，也可做醬燒或三杯。

鱸魚

有蛋白質、維生素A、維生素B群、維生素D等豐富營養素，能預防感冒、增強體力、幫助鈣質吸收，但不宜與乳酪及豬肝一起食用。

本書使用的特殊調味料

綠芥末

將山葵的根莖磨成末製成，味道辛辣嗆鼻，有殺菌作用，經常與生魚片、生海鮮等食物搭配食用。

芥末

芥末籽加上鹽、醋、香料等成分調和而成的特殊調味料，味道濃厚具刺激性，常被作為肉類、熱狗、沙拉的調味品。

味醂

源自於日本，由甜糯米加入麴做成，味道甘甜有酒味，能提出食材的原味，也有去除腥味的作用，經常作為照燒類菜肴的調味料。

番茄配司

又稱為番茄糊，英文為Tomato Pasta。將番茄以慢火燉煮成濃稠果泥即為番茄配司，味道較一般番茄醬酸，主要應用於西式、義式料理或披薩中。

椰奶

又稱椰漿，為奶白色液體，是由成熟椰子的果肉中榨取出來的，味道香甜濃郁。東南亞國家的料理，經常使用椰漿來調味，如椰漿飯、泰式椰奶雞、椰汁西米露等菜肴。

魚露

小魚蝦經過醃漬、發酵、熬煉等過程即成為魚露，味道又鮮又鹹，常被運用於東南亞料理或閩菜中，增添料理鮮味，也有人將魚露作為沾料使用。

白醬油

鮮奶油加入起司、鹽、水等調味料調和而成，味道香甜濃郁，一般多應用於肉類、海鮮、焗烤或義大利料理中。

美極鮮味露

小麥經過特殊處理及發酵釀造即成為美極鮮味露，若再加入醬油膏就變成了素蠔油。可作為沾醬，也可做為湯底或是炒飯、炒麵的調味料。

高湯

市售的高湯，通常是經過長時間熬煮的雞湯，味道鮮美濃郁。料理中經常以高湯代替水來烹煮食材，以增加料理的鮮度。

芝麻沙拉醬

由醬油、醋、砂糖、芝麻等成分調和而成，此種醬料散發著濃郁的芝麻香，清爽不油膩，常被用來與沙拉或麵類搭配食用，是夏日開胃菜的常用調味料。

芝麻醬

也稱麻醬，是將芝麻炒熟、磨碎製作而成，為了防止變質，通常會加入一層香油。芝麻醬是麻醬麵的主要調味料，也可用來拌涼麵或塗於麵包上。

蝦醬

將小蝦加入鹽，發酵後磨成濃稠狀，再放置於陽光下曝曬使水分蒸發即完成蝦醬。味道濃鹹，無法直接作為沾料，多於炒菜或製作炒飯時使用。

甜雞醬

主要成分為水、糖、辣椒、醋及大蒜，味道酸酸甜甜又帶著些許的辣，可被應用於煎、炒、煮、炸、烤等料理方式，也可以作為炸物、肉粽或油飯的沾醬。

辣椒油

將辣椒粉倒入食用油中充分攪拌即成，可依個人喜好加入蔥、薑、蒜增味，外觀呈透明紅色，味道辛辣，適用於各式料理，四川、雲南、湖北地區的料理尤其喜愛使用辣椒油。

洋香菜葉

顏色鮮綠的小磨坊洋香菜葉適用於增香添色，無論是撒在義大利麵或是用於醃漬，皆相當適合。

紅咖哩醬

紅辣椒及各種辛香料搗碎混合，所調製成的咖哩醬，味道濃郁有辛辣味，使用時只需先將其炒香，再加入食材，即可完成充滿異國風味的料理。

是拉差香甜辣椒醬

是拉差為泰國的一個小城名，這種特殊調味料主要成分為辣椒、蒜及香料，適合用在各種魚、肉、麵食類料理，也可當作沾醬使用。

XO 醬

一般的 XO 醬包含了瑤柱、蝦米、金華火腿、辣椒等成分，嘗起來又鮮又辣，普遍被應用於炒腸粉、炒麵、炒飯等類的菜肴中。

味島香鬆

含芝麻、海苔、綠海藻、砂糖、鹽等成分，香氣濃郁非常下飯，可撒在飯、麵、飯糰、壽司等菜肴中增添風味，也可以拌入沙拉中。

七味唐辛子

小磨坊七味唐辛子由多種香辛料組合而成，具紅辣椒的微辣和黑、白芝麻的香味，屬日本風的提味料。

本書使用到的基本刀法

◀雙飛刀（蝴蝶刀）

多應用於魷魚、透抽、鮮蝦、花枝等食材。即是由食材內側劃刀，第一刀不切斷，第二刀再切斷的刀法。使用此刀法的食材，在燙熟後會出現漂亮的花紋。

▶切斜片

經常用來切蔥、辣椒等食材，即是將食材以刀斜切，使食材的切口呈現橢圓形。使用此刀法，食材的味道可以更容易的散布於菜肴中，也更容易煮熟及入味。

◀切片

依照食材的特性，可切成圓形、半圓形、扇形或橢圓形的薄片，通常厚度約在 0.3 公分以下，若切成 0.5 ～ 1 公分則稱為厚片。

▶切條

可先將食材切片，再切成寬約 1 公分，長約 4 公分的條狀。使用切條法的蔬菜，能保留住蔬菜本身的清脆口感，如胡蘿蔔、黃瓜等。

◀切段

切四季豆、芹菜、空心菜等有纖維的蔬菜時，經常使用。即是以 90 度直角下刀，將食材切成 1 ～ 3 公分的小段。

◀切絲

即是將食材切成絲狀,通常會先將食材切成薄片,再疊在一起細切成絲狀。經常應用於黃瓜、蘿蔔、高麗菜、肉類等食材上。

▶切末、切碎

一般會先將食材切絲或切片,再切成碎末狀。料理時經常會將蒜、辣椒或薑等辛香料切碎或切末,使它們的味道更容易散布於菜肴中。

◀切指甲片

將食材切成如指甲大小的片狀,長寬約為 1.5 公分,厚度約為 0.2 公分。可應用於洋蔥、牛肉等類的食材。

▶切丁、切塊

可先將食材切成厚片,再切成粗條,最後再切成丁狀或塊狀。丁的大小約是 1 公分的正方體,多應用於麵包、肉、白蘿蔔、筍等食材上。

◀切滾刀

左手滾動食材,右手隨性將食材斜切,使其呈現不規則塊狀,即為滾刀。因此切法可增加食材的受熱面積,所以非常適合應用在燉煮類型的料理。

Jacko 的實做心得

料理時建議將食材全部切好,置於備料盤中,再依序烹煮,如此可以避免料理時手忙腳亂,導致料理失敗。

常備食材的事前處理

蔥切絲

① 將蔥由水平方向剖半。

② 蔥疊在一起斜切成絲。

③ 蔥絲泡入水中片刻撈起,如此蔥絲會捲曲,放在料理上可增添料理的美觀度。

洋蔥切碎

① 洋蔥剝皮後對半切,順著洋蔥纖維紋路切薄片。

② 從洋蔥的水平方向切入數刀。

③ 從邊緣處開始切,將洋蔥切碎。

薑切末

① 薑略洗乾淨後,切成片。

② 薑片再從邊緣開始,切成薑絲。

③ 切好的薑絲轉 90 度,切成細末。

製作清湯

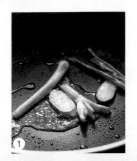

① 取鍋熱 2 大匙油煎黃蔥和薑片。

② 淋下酒 1 大匙，水 4 杯煮滾。

③ 撿掉蔥、薑，即完成清湯。

檸檬的處理

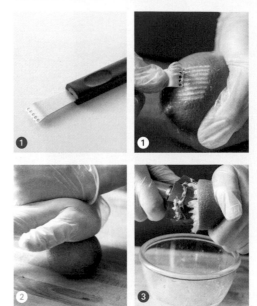

① 可至超市購買專用的檸檬皮刨刀，直接於表皮刨出檸檬皮絲。

② 擠汁前先將檸檬滾壓數下，破壞當中的纖維。

③ 剖半後以擠汁器擠出檸檬原汁。

竹筍的處理

① 以剪刀將筍尖頭剪掉，冷水時即入鍋煮，煮滾轉小火，10 分鐘後關火泡 10 分鐘取出。

② 由筍的彎曲處劃一刀。

③ 以刀痕為中心，用手將竹筍向兩側剝開。

④ 切除竹筍較老的部分，即可使用。

馬鈴薯切塊

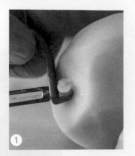

① 馬鈴薯去皮後，以削皮刀側邊的小洞，
　 將馬鈴薯的芽眼挖除。

② 馬鈴薯縱向切成四等份。

③ 將馬鈴薯轉 90 度，從邊緣開始切成
　 大塊。

木耳切碎

① 以剪刀將木耳去蒂。

② 將木耳摺疊成管狀，以方便切絲。

③ 右手固定住木耳，將木耳切成絲。

④ 將木耳絲再剁碎成米粒大小。

番茄的處理

① 以削軟皮的削皮刀去除番茄外皮。

② 將番茄對半切後，切去番茄蒂頭。

③ 先將番茄切片後，再水平剖半，最後再轉 90 度，將番茄切成丁。

雞胸肉撕成絲

① 將雞胸肉放入塑膠袋中，以酒瓶壓扁。

② 以酒瓶將雞胸肉壓均勻。

③ 拿出雞胸肉，再以叉子或手撕開即成，使用此方法製作的雞絲，吃起來較嫩，也不會太澀。

蝦的處理

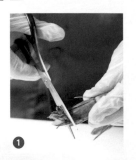

① 剪去蝦的頭鬚及眼睛，以免蝦眼在烹調時出水，造成油爆。

② 將剪刀插入蝦的背殼中剪開，如此可讓蝦更容易入味。

③ 取一支牙籤，從蝦的脖子處算起，於蝦背約 2、3 節之處插入，將腸泥往上拉出。

涼拌透抽的事前處理

① 先將透抽洗淨去頭，並將透抽體內的軟骨抽除。

② 以衛生紙輔助，搓去透抽的皮。

③ 將透抽剖開成一片，交叉切割，但皆不切斷。

④ 整片切完後，再切斜片。

這本書完全不需要烤箱或油炸，是我做給最愛的家人吃的72道幸福料理，也是最適合料理新人入門的家常美味。

Part 1

雞肉料理

香嫩滑口的好滋味

椒麻雞沙拉

 材料
去骨雞腿 1 支
（約 150 公克）
高麗菜 1/3 顆
蔥 2 支
薑 2 片
紅辣椒 1 支
大蒜 2 粒
香菜 2 支
蒜味花生半碗

 調味料
水 2 大匙
檸檬汁 2 大匙
醬油 1 大匙
魚露 1 大匙
糖 1 大匙
花椒鹽 1 茶匙
麻油 1 茶匙

醃料
魚露 1/2 大匙
酒 1 大匙

2～3 人份

1 備料洗淨切一切，用刀子將肉厚的地方斬剁一下，把蔥和薑拍碎，加入醃料，醃 5 分鐘。

2 蒜味花生壓碎，高麗菜切絲後用冰水泡 5 分鐘，瀝乾，並以紙巾吸乾水分，鋪在餐盤上備用。

3 取一碗，加入調味料調勻，再放入香菜碎、辣椒碎和蒜碎拌勻成醬汁備用。

4 熱鍋將雞腿肉皮面朝下放入，以中火煎至皮面微焦黃，翻面轉大火煎約 8 分鐘後，在雞腿肉上淋 1 大匙米酒，上蓋煎 30 秒，再翻面將雞皮朝下轉小火續煎 1 分鐘，至肉熟皮脆。

5 取出將雞肉切條狀，排在高麗菜上淋下醬汁，撒下碎花生即完成！

Jacko 的實做心得

✿ 雞肉熟後可以放置約 3 分鐘再切，以避免肉汁流失。

✿ 高麗菜因為要直接生食，所以切絲時須將砧板及刀具換成熟食專用的。

芥末雞肉沙拉

 材料

雞胸肉 1 塊
洋蔥 1/4 個
西芹 2 支
綠花椰菜 1 棵
核桃 1/3 杯
泡麵 1/2 片

 調味料

黃色芥末醬 1/2 大匙
美乃滋 3 大匙
橄欖油 1 大匙
奶油 2 大匙

2~3
人份

1 雞胸肉放入滾水中，關火後將雞肉浸泡至熟，切成小塊；洋蔥切碎；泡麵分成適口大小；核桃略切碎。

2 西芹摘好後切片；綠花椰菜切小朵後將老皮摘去，放入滾水中氽燙，燙半分鐘後放入西芹，快速燙一下即撈出，放入冷水浸涼。

3 鍋中放奶油、核桃和泡麵，小火慢炒 2 分鐘，盛出放涼。

4 調味料先調勻，放下雞肉、洋蔥、西芹和綠花椰菜一起再調拌均勻，放 1 小時使味道融合，吃時加入核桃和泡麵拌勻即可。

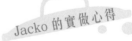
Jacko 的實做心得

✿ 煮雞胸肉時，先煮一鍋水，等水滾後放入雞胸肉，立刻關火，使雞胸肉浸泡至熟成（約 12～18 分鐘）。這樣泡熟的雞胸肉，口感會很軟嫩，不會又柴又乾澀。

✿ 氽燙花椰菜時加入適量鹽，較能保持翠綠原色，不容易變黃。

泰式涼拌雞絲沙拉

 10 分鐘

 材料

白煮雞胸肉 1 塊
洋蔥絲 1/3 杯
綠豆芽 1 把
黃瓜絲 1 杯
小番茄 10 顆
紅蔥頭 2 粒
九層塔葉數片

調味料

檸檬汁 3 大匙
白糖 2 大匙
魚露 1/2 大匙
泰式是拉差辣椒醬 2 茶匙

 2~3 人份

1 雞胸肉切成絲堆放盛盤；綠豆芽快速燙一下，撈出、沖涼。

Jacko 的實做心得

❀ 若不喜歡太強烈的洋蔥辛辣味，可將洋蔥絲浸泡於冰水至少5分鐘，換水後再泡5分鐘，如此可降低辛辣味，並且增加爽脆口感。

2 小番茄切半或一切為 4 塊；九層塔葉切絲；紅蔥頭剁碎；調味料混合攪拌均勻，再加入小番茄略拌。

3 洋蔥絲、碎紅蔥頭、綠豆芽、黃瓜絲、九層塔絲和調味料，與雞絲一起拌勻，即可盛盤。

三蔬拌雞絲沙拉

⏱ **10**分鐘

 材料

雞胸肉 1 塊
豌豆片 100 公克
金針菇 1/2 包
胡蘿蔔絲 1/2 杯
大蒜酥 2 茶匙

 調味料

魚露 1 大匙
鹽 1/4 茶匙
麻油 1 大匙
沙茶醬 1 大匙
煮雞湯 2 大匙

2~3 人份

1 雞胸肉燙過後取出，切絲或撕成絲備用。

2 豌豆片用滾水（水中加少許鹽）汆燙一下，撈出、泡入冰水中冰涼，再取出擦乾、切成細絲。

3 金針菇切除根部，再切成兩段，也入滾水中汆燙一下，沖涼、擠乾水分。

4 胡蘿蔔絲煮熟後放入塑膠袋中，加些鹽抓一下，再沖水洗去鹹度。

5 雞絲和 3 種蔬菜在碗中和調味料拌勻，裝入盤中，撒下大蒜酥。

Jacko 的實做心得

❀ 可將雞胸肉放入塑膠袋中，以酒瓶壓扁，再以手撕開，如此不但可省時，還可避免雞肉纖維被撕裂，使口感太乾澀。（參考 p.25）

❀ 胡蘿蔔絲煮熟後，放入塑膠袋加些鹽抓一下，沖水去鹹度，可去除澀味，保留甜味。

❀ 大蒜酥可買現成的，也可將大蒜剁碎一點，用油炸香，瀝乾後使用。而蒜油則可以保存起來，於製作其他料理時使用。

腰果雞丁

 材料
 調味料
 醃料

2～3 人份

材料	調味料	醃料
雞胸肉 2 塊	醬油 1 大匙	醬油 1 大匙
原味腰果 2/3 杯	酒 1/2 大匙	水 2 大匙
青椒 1/2 個	糖 1/2 茶匙	太白粉 1/2 大匙
紅甜椒 1/2 個	醋 1/4 茶匙	麻油 1 大匙
蔥 2 支	水 3 大匙	
薑 6～8 小片	太白粉 1 茶匙	

1 雞胸肉片開,切粗條,再切成 2 公分的雞丁,用醃料拌勻,醃 5 分鐘。

2 青椒及紅甜椒去籽,切成塊;蔥切成段;調味料拌勻成醬汁備用。

3 取鍋熱 1 大匙油,將雞肉倒入鍋中,炒至變色取出。

4 同鍋炒香蔥段、薑片及青、紅椒,再倒下雞丁同炒數下,淋下醬汁,大火拌炒均勻,關火,加入腰果略拌即可裝盤。

Jacko 的實做心得

❀ 想醃出口感滑嫩的肉,醃肉時先讓雞肉將調味料及水分吸收後,再放入太白粉抓拌,最後才放入油鎖住肉汁,如此就能醃出軟嫩好吃的肉。

❀ 熟腰果等關火後再放入略炒即可,如此能保持脆度。

香芹九層雞丁

 材料

去骨雞腿 2 支
西芹 2 支
薑 15 片
大蒜 3 瓣
辣椒 1 支
九層塔 4 ～ 5 支

 調味料

酒 1 大匙
醬油膏 2 大匙
糖 1/2 茶匙
水 4 大匙
太白粉 1 茶匙

 醃料

醬油 1 大匙
糖 1/2 茶匙
水 2 大匙
太白粉 1 茶匙

2～3 人份

1 雞腿肉去皮切成 2 ～ 3 公分大小的塊，用醃料拌勻，醃 5 分鐘。

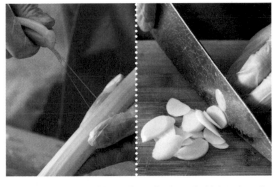

2 西芹去除老筋，斜切成片；大蒜切片；紅辣椒去籽切斜片；九層塔摘嫩葉。

3 取一碗，將調味料混勻成醬汁備用；取鍋燒滾水，放下西芹燙 5 秒鐘撈出，再放下雞丁，燙至 8 分熟取出備用。

4 另取一鍋熱 1 大匙油，炒香薑片、大蒜與辣椒片，倒入雞丁、西芹，淋下調味料，拌炒均勻再上蓋燜煮 30 秒。

5 撒下九層塔後關火，拌勻便可盛盤。

鴻禧腐乳雞

 材料

雞胸肉絲 200 公克
鴻禧菇 1 包
蔥 1 支
薑 6～8 片
蒜 5～6 片

 調味料

米酒 1 大匙
豆腐乳 1 大匙
腐乳汁 1 大匙
糖 1 茶匙
香油 1 茶匙

 醃料

鹽 1/4 茶匙
水 2 大匙
太白粉 1 茶匙
香油 1 茶匙

2～3 人份

1 鴻禧菇先切開尾端，再將其撥開。

2 蔥切段；取一碗加入雞胸肉絲及醃料拌勻備用。

3 另取一碗，加入調味料調勻成腐乳汁備用。

4 熱乾鍋，將鴻禧菇煸香至有焦痕，取出備用。

5 同鍋熱 2 大匙油將雞胸肉絲炒熟。

6 放入蔥白段、薑片、蒜片炒香，再加入腐乳汁、雞絲、鴻禧菇、蔥綠段，炒勻滴香油即完成。

香檸燜雞翅

 材料

雞翅膀 10 支
紅蔥頭 3 粒
洋蔥 1/3 個
大蒜 2 粒

 調味料

醬油 2 大匙
酒 1 大匙
冰糖 1 大匙
檸檬汁 2 大匙（約 1 個檸檬）
胡椒粉 1/4 茶匙

2~3 人份

1 雞翅膀和翅尖剁開，2 節翅丟棄，只留翅膀，洗淨、擦乾。

2 紅蔥頭切片；大蒜切片；洋蔥切絲；調味料調勻成醬汁。

3 鍋中熱 1 大匙油，放下雞翅以中火煎一下，煎至略有焦痕。

4 先放下洋蔥絲拌炒，接著加入紅蔥頭片和大蒜片一起炒香。

5 加入醬汁一起煮滾，同時不斷地炒煮，至雞翅上色，再加入約 1 杯半的水，蓋鍋以小火燜煮 20 分鐘至雞翅已熟，且湯汁濃稠即可。

砂鍋油豆腐雞

 ⏱ **30** 分鐘

 材料

肉雞半隻剁塊（約 1.2 公斤）
油豆腐 8 個
寬粉條 2 把
蔥 2 支
薑 3 片
紅辣椒 1 支
香菜適量

調味料

紹興酒 1 大匙
醬油 4 大匙
熱水 3 杯
冰糖 1 大匙
鹽適量調味

2～3 人份

1 蔥切長段；寬粉條用溫水泡軟剪一半；油豆腐用熱水汆燙一下，撈出；辣椒切去頭。

2 起油鍋，用 1 大匙油以中火爆香蔥白段和薑片，至香氣透出時加入雞塊以大火同炒，炒至雞塊變色，淋下酒和醬油再炒一下。

3 加入熱水、冰糖、紅辣椒和油豆腐煮至滾，一起倒入砂鍋中，煮滾後加蓋改小火續煮 30 分鐘（可適量增減燜煮的時間）。

4 最後加入寬粉條煮至軟，再加入蔥綠段。如有需要可適量再加鹽、糖調味，或放上一撮香菜裝飾。

Jacko 的實做心得

❀ 寬粉條用溫水泡，可避免粉條過度吸汁，若用冷水泡，容易把鍋中的汁吸乾。

❀ 作法 3 使用熱水可維持鍋中香氣，若放冷水則香氣大打折扣。

北菇滑雞煲

 材料

去骨雞腿肉 2 支
北菇 6 ～ 8 朵
蔥 2 支（切段）
薑 6 片
西生菜 1/2 顆

 調味料

酒 1 大匙
醬油 1/2 大匙
蠔油 1 大匙
糖 1/2 茶匙
水 2/3 杯
麻油 1/2 茶匙
太白粉 1 茶匙

蒸香菇料

醬油 1 大匙
蔥 1 支
香油 1 大匙
糖 1 茶匙
泡香菇水 1 杯
薑 3 片

醃料

醬油 1½ 大匙
水 2 大匙
太白粉 1/2 大匙

⏱ 25 分鐘

2 ～ 3 人份

1 雞腿肉切成 2 公分塊用醃料拌勻放置 5 分鐘；調味料調勻成醬汁備用。

2 北菇泡軟去蒂，加入蒸香菇料，包耐熱保鮮膜蒸 15 分鐘，待稍涼後取出，切成 2 或 3 片。

3 西生菜切成大片在滾水中一燙即撈出盛放在砂鍋中。

4 水再煮滾放下雞塊燙煮至 5 ～ 6 分熟撈出。

5 取鍋熱油，用 2 大匙油爆香蔥段和薑片，放入香菇再炒香。

6 加入雞塊和調勻醬汁同煮，煮至湯汁濃稠且雞肉全熟，全部倒在生菜上再煮滾即可上桌。

Jacko 的實做心得

❀ 買不到北菇，可選擇較厚的香菇代替。

❀ 北菇比一般香菇厚許多，所以冷水需浸泡 1 ～ 2 小時才能泡軟。但用溫水浸泡，只需要 30 ～ 50 分鐘即可。

三杯雞煲

 材料
 調味料
 醃料

材料	調味料	醃料
棒棒雞腿 5 支	黑麻油 3 大匙	醬油 1 大匙
大蒜 10 粒	醬油 5 大匙	
老薑片 10 ～ 12 片	冰糖 1 大匙	
紅辣椒 2 支	米酒 1 杯	
九層塔半碗		

2 ~ 3 人份

1 雞腿剁圈，以醃料醃 5 分鐘；辣椒去籽切片。

2 冷鍋時即放入黑麻油，以小火將薑片煎至略焦黃後加入蒜仁炒香。

3 轉大火，放入雞肉翻炒至變色，完全沒有血水後，再加入冰糖、醬油、米酒翻炒，煮滾後上蓋。

4 小火煮至水分收乾後，放入辣椒、九層塔拌炒一下，起鍋前淋下少許米酒提香即可。

Jacko 的實做心得

✿ 若不擅長剁雞肉，可先請雞販幫忙剁圈。

✿ 也可使用整隻雞切塊，或使用去骨雞腿肉切塊來料理。

✿ 三杯雞使用的老薑多半會帶皮切，有一說，是因為黑麻油、老薑屬性燥熱，而薑皮剛好屬涼。

蘑菇燒雞腿

 20 分鐘

 材料
棒棒雞腿 2 支
洋菇 8 粒
洋蔥 1/3 個
胡蘿蔔 1 小段
青豆 1 大匙
麵粉 1 大匙

 調味料
酒 1 大匙
番茄醬 2 大匙
醬油 1 大匙
水 1½ 杯

醃料
鹽 1/3 茶匙
黑胡椒粉 1/4 茶匙
酒 1 茶匙

2～3 人份

1 洋蔥切絲；洋菇去蒂切片；胡蘿蔔切片；將除水以外的調味料混勻備用。

2 雞腿用醃料塗抹均勻，入鍋前沾上薄薄一層麵粉。

3 取鍋熱 2 大匙油，放下雞腿，煎黃表面，夾出雞腿。

4 用鍋中餘油炒香洋蔥，再加入洋菇、胡蘿蔔片同炒，淋下調味料拌炒加熱。

5 加入水，煮滾後再放入雞腿，以中小火上蓋燒煮 15 分鐘至熟，最後 2 分鐘放下青豆即成。

 *Jacko 的實做心得*

✿ 雞腿裹上麵粉煎，會使雞腿更有香氣，而麵粉也會使湯汁變濃稠，但煮的時候要用小火，以免沾黏鍋底。

✿ 雞腿裹上麵粉，還能減少油爆。

以料理作為禮物，不僅表達
了心意，也創造了一段美好回憶，
而且，它比買一個名牌包或出國
旅遊一趟便宜太多了！

Part 2

豬肉料理

簡單又下飯

炒蒼蠅頭

⏱ 10 分鐘

2~3 人份

 材料

絞肉 200 公克
韭菜花 150 公克
豆豉 1½ 大匙
紅辣椒 2 支

調味料

醬油 1½ 大匙
酒 1 大匙
糖 1 茶匙
鹽 1/4 茶匙

1 韭菜花洗淨切成小丁;紅辣椒去籽切小丁。

2 取鍋熱 1 大匙油,將絞肉炒散淋酒後放下豆豉、紅辣椒炒香。

3 最後放入調味料、韭菜花大火炒勻即可。

Jacko 的實做心得

❀ 韭菜花買回來可彎折根部試驗,若一折即斷代表吃起來很清脆,若折不斷代表太老,建議切去。

❀ 炒絞肉時,先將肉壓平煎至變色,再翻面炒散,能讓絞肉吃起來更香、更有嚼勁。

❀ 注意!韭菜花略炒即熟,炒久會軟塌,失去口感。

木耳小炒

材料

絞肉 150 公克
木耳 3～4 朵
芹菜 4 支
香菜 3 支
紅辣椒 1 支

調味料

醬油 1 大匙
鹽 1/2 茶匙
黑胡椒粉、麻油各適量

2～3
人份

1 木耳剁碎；芹菜切小粒；香菜取梗的部分，切成小粒；紅辣椒去籽，也切碎。

2 取鍋熱 1 大匙油，放入絞肉炒至絞肉變色已熟時，淋下醬油，再加入木耳一起大火翻炒。

3 加鹽和黑胡椒粉調味，再加入 3～4 大匙的水，以大火炒勻至沒有湯汁。

4 關火後，撒下芹菜粒、香菜粒和紅辣椒末，滴下麻油，略加拌勻即可起鍋。

Jacko 的實做心得

❀ 絞肉多放一點，拌著麵吃，就又是道營養又有飽足感的便餐了。

香菜碎肉蒸蛋

 **25**分鐘

 材料

蛋 5 個
絞肉 3 大匙
蔥末 2 大匙
香菜 2 支

 調味料

鹽 1/2 茶匙
醬油 1 大匙
水 1 杯
香油適量

2～3 人份

1 香菜切末；蛋加鹽打散，放在深盤或湯碗中。

2 蛋汁加絞肉、醬油攪拌均勻，再加入水、蔥末和香菜末拌勻。

3 拌勻的絞肉和蛋汁倒入碗中，包上耐熱保鮮膜放入蒸鍋或電鍋中。

4 以中火蒸約 20～25 分鐘，至完全凝固時滴幾滴香油便可取出上桌。

Jacko 的實做心得

❀ 若家中沒有打蛋器，可用叉子打蛋，因叉子比筷子更容易將蛋打散。

❀ 絞肉和蛋汁要攪拌均勻後再加水，否則絞肉會黏在一起不容易攪散。

❀ 打勻的絞肉和蛋汁倒入水盤（淺盤），蒸時受熱會較均勻。

❀ 入鍋前可在保鮮膜表面刺幾個洞，使熱對流，受熱更平均。

豆包瓜仔肉

 25 分鐘

 材料

絞肉 300 公克
豆包 3 片
醬瓜（花瓜）2 ～ 3 大匙
蔥末 1 大匙

調味料

酒 1 大匙
醬油 1 大匙
醬瓜汁 1 大匙（花瓜水）
清水 1 大匙
鹽 1/4 茶匙
大蒜泥 1 茶匙
太白粉 1 大匙
麻油 1 茶匙

2～3 人份

1 絞肉先用刀剁出黏性備用；醬瓜切碎備用；豆包攤開一切為二備用。

2 絞肉放入大碗內，加入調味料、醬瓜、蔥末，全部仔細攪拌至完全吸收呈黏稠狀為止。

3 取淺碗於碗內抹勻些許麻油後，將豆包鋪放碗底，再填入肉料，上鍋以大火蒸熟（約 20 分鐘）。

4 倒扣在深碟內，吃時以小刀切開或用湯杓挖開即可。

Jacko 的實做心得

❀ 切花瓜時，建議切大塊些，吃起來才會有口感。
❀ 豆包鋪入前抹油，是為了避免豆包沾黏在碗上，不好扣出。
❀ 蒸煮時，中間部分不易熟，可在填肉料時將中間壓凹一點。
❀ 蒸東西時，必須等大水大滾後，蒸氣上來再入鍋蒸，若太早放入，容易蒸出血水，影響料理外觀及口感。

四季豆肉丸

 材料

 調味料

四季豆 150 公克
絞肉 300 公克
蝦米 2 大匙
蔥 2 支
香菜 1 支

鹽 1/3 茶匙
水 3 大匙
醬油 2 大匙
太白粉 1/2 大匙
麻油 1 大匙

4 人份

1 四季豆摘好，放入滾水中燙煮 2 分鐘去生味，撈出，用水沖涼後切成小丁。

2 蝦米泡軟、切碎；蔥切成蔥花；香菜切碎。

3 絞肉再剁一下，放入大碗中和鹽、水攪拌，再加入醬油、太白粉、麻油和蝦米摔打出黏性拌勻。

4 放入四季豆、蔥花和香菜拌勻，再將餡料平均分成數份，做成圓形丸子放在盤子上。

5 全部做好，入蒸鍋蒸至熟，視丸子大小，蒸約 15～18 分鐘。

Jacko 的實做心得

✿ 做肉丸時，只需讓丸子成型即可，不需用力搓揉。
✿ 蒸前建議在盤子上抹些麻油，避免丸子沾黏。
✿ 肉丸蒸熟後不要再續燜，以免蔥花、香菜和四季豆的顏色變黃。

韓式煎肉餅

 10 分鐘

 材料

絞肉 300 公克
蔥末 1 大匙
（只取蔥白部分）
大蒜泥 1 茶匙
泡菜 2 大匙

調味料

醬油 1½ 茶匙
糖 1 大匙
酒 1 大匙
胡椒粉 1 茶匙
麻油 1 大匙
水 2 大匙
太白粉 1/2 大匙
鹽適量

 4 人份

1 泡菜切碎；絞肉再剁一下至產生黏性。

2 取一碗，加入絞肉、蔥末、蒜泥、碎泡菜和所有調味料，全部拌勻。

3 先將絞肉分成多份，再將絞肉做成丸子。

4 鍋中熱約 1 大匙油，將丸子煎至外層金黃，再將丸子略壓扁成肉餅；以小火慢慢煎至熟，盛出裝盤，附上泡菜或青菜即可上桌。

Jacko 的實做心得

❀ 若蔥末中包含蔥綠，容易炒黑，影響料理外觀。
❀ 若覺得肉太軟，不好做肉丸，可將攪拌均勻的肉放進冰箱冷藏 10 分鐘，再取出來處理。

魚香肉絲

 材料

豬里肌肉 250 公克
筍 1 個
木耳 1 朵
薑屑 1 茶匙
蒜末 2 茶匙
蔥花 1 大匙
辣椒 1 支

 調味料

辣豆瓣醬 1 大匙
醬油 1 大匙
水 1 大匙
鎮江醋 1/2 大匙
酒 1/2 大匙
糖 1 茶匙
鹽 1/4 茶匙
麻油、太白粉 1 茶匙
胡椒粉適量

 醃料

醬油 1/2 大匙
太白粉 1/2 大匙
水 2 大匙
香油 1 大匙

2~3 人份

1 豬肉切絲用醃料拌勻,醃 5 分鐘;將除豆瓣醬外的調味料調勻成醬汁。

2 筍煮熟,切絲;木耳切粗絲;辣椒切碎。

3 取鍋熱 2 大匙油燒至 7 分熱,放入肉絲用筷子炒散,肉絲變色將熟時,立刻盛出。

4 同鍋爆香薑屑、蒜末、碎辣椒,放入木耳和筍絲同炒,再加入肉絲炒數下。

5 放入豆瓣醬將其炒香,再淋下剩餘的醬汁,快速炒拌均勻,起鍋前加入蔥花即可。

Jacko 的實做心得

❀ 煮帶殼筍時,可將筍尖頭切掉,冷水時即入鍋煮,煮滾轉小火,10 分鐘後關火,續泡 10 分鐘後再取出去殼。如此煮筍可保持竹筍的香甜。

豉椒爆里肌

10 分鐘

2~3 人份

 材料

豬小里肌肉 200 公克
蔥 3 支
大紅辣椒 2 支
豆豉 1 大匙

 調味料

醬油 1 茶匙
糖 1/2 茶匙
水約 2～3 大匙
麻油數滴

醃料

醬油 1/2 大匙
太白粉 1 茶匙
水 2 大匙
香油 1 大匙

1 豬肉切片,用醃料拌勻,放置 5 分鐘。

2 蔥切斜段;紅辣椒去籽切斜片。

3 取鍋熱 2 大匙油,將肉片炒至變色,加入豆豉、蔥段、辣椒炒香。

4 加入除麻油外的調味料炒勻,最後再滴下麻油即可關火起鍋。

Jacko 的實做心得

✿ 也可以使用火鍋豬肉片,但要記得切過以免過長。
✿ 此道料理使用濕豆豉即可。

馬鈴薯燒肉

 40 分鐘

 材料

梅花肉 600 公克
馬鈴薯 1 個（約 200 公克）
胡蘿蔔 200 公克
甜豆莢 12 ～ 16 片
蔥 3 支
八角 1 顆
大蒜 1 粒

 調味料

酒 3 大匙
醬油 5 大匙
冰糖 1 大匙

2~3 人份

1 梅花肉切塊（可加部分五花肉）；馬鈴薯、胡蘿蔔削皮切塊；甜豆莢去老莖；蔥折 3 段，並略微擠壓出味道；大蒜輕拍裂。

2 取鍋燒 2 大匙油，放入肉塊至肉的外層變色，再開始翻炒。

3 放下蔥、八角、大蒜、馬鈴薯、胡蘿蔔同炒，淋上酒和醬油煮滾，加入水 3 杯，再煮滾後改小火，燒約 30 分鐘。

4 開蓋，將蔥夾起丟棄，同時加冰糖拌勻。

5 蓋上鍋蓋，以小火再燒約 20 分鐘，起鍋前 2 分鐘放入甜豆莢即可。

Jacko 的實做心得

❀ 將肉先煎至變色再翻炒，不僅可以保留肉汁，也會將肥油煎出香氣。

❀ 馬鈴薯芽眼，可利用削皮器挖去。（參考 p.24 馬鈴薯切塊圖①）

煎豬排佐蘋果醬

15 分鐘

2~3 人份

 材料

豬排 2 片
蘋果汁 4 大匙
奶油 1 大匙

 蘋果醬料

蘋果 2 顆
檸檬汁 1 茶匙
葡萄乾 2 大匙
薑末 1 茶匙
糖 1½ 大匙
蘋果汁 2 杯
肉桂粉 1/4 茶匙

醃料

鹽 1/2 茶匙
黑胡椒粉 1/4 茶匙

1 蘋果去皮去籽切成小塊。

2 鍋內放入蘋果塊及蘋果醬汁的材料，以中火煮 10 ～ 12 分鐘至蘋果軟化且醬汁濃稠。

3 豬排兩面撒上醃料醃至入味。

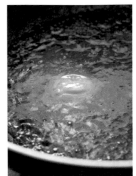

4 在不沾鍋內加入 1 大匙油，將豬排一面以大火煎 1 分鐘，翻面改小火，加蓋續煎約 2 分鐘，至熟盛盤。

5 同鍋加入 4 大匙蘋果汁和奶油，煮滾使其收汁一下，淋在豬排上，再淋上蘋果醬汁即可。

Jacko 的實做心得

❀ 煮蘋果醬汁時，需不時攪動，以免燒焦。
❀ 蘋果醬汁的蘋果適合挑選較酸的，選擇不同品種的蘋果會有不同風味。
❀ 在肉筋上切一刀可避免肉排受熱後收縮。
❀ 可搭配紅甜椒和甜豆莢一起食用。

一開始我只是想做出讓老婆稱讚的美
味料理，但萬萬沒想到，因為開始下廚，
我的生活變得不一樣了！

牛肉料理

大口吃下好滿足

沙茶牛肉片

 材料

火鍋牛肉片 150 公克
空心菜 250 公克
大蒜 3 粒
蔥 1 支
紅辣椒 1 支

 調味料

沙茶醬 1½ 大匙
醬油 1 茶匙
糖 1/4 茶匙
酒 1 大匙
水 2 大匙

醃料

醬油 1/2 大匙
糖 1/4 茶匙
太白粉 1 茶匙
水 2 大匙
沙茶醬油 1 大匙

2～3 人份

1 牛肉片用醃料拌勻，醃 5 分鐘；調味料調成醬汁備用。

2 空心菜洗淨切段，葉子、梗分開放；大蒜切末；蔥切段；紅辣椒切斜片。

3 取鍋熱 1 大匙油，將空心菜梗快炒至熟，加少許鹽調味，盛盤。

4 同鍋熱 2 大匙油，將牛肉片炒至 7 分熟，盛出備用。

5 同鍋炒香大蒜、蔥和紅辣椒，加入牛肉、空心菜葉子，淋入醬汁大火拌炒均勻，盛放在空心菜梗上。

Jacko 的實做心得

✿ 將空心菜梗清炒保持脆度，可增加這道料理的口感。
✿ 空心菜建議以大火快炒，如此色澤才不容易變黑，吃起來也會更好吃。
✿ 想要吃口感較嫩的炒牛肉，可以選用菲力部位的肉片，但若想要簡單一點，可以直接用火鍋牛肉片。

黑胡椒牛柳

 材料

牛肉 300 公克
洋蔥 1/2 個
紅辣椒 1 支
大蒜末 1 大匙
紅蔥頭末 1 茶匙

 調味料

醬油 1 大匙
美極鮮味露 1 茶匙
酒 2 茶匙
粗黑胡椒 1 茶匙
糖 1/2 茶匙
鹽 1/4 茶匙
水 4 大匙
太白粉 1/2 茶匙

 醃料

醬油 1 大匙
水 2 大匙
太白粉 1/2 大匙
油 1 大匙

2~3 人份

1 牛肉逆紋切粗絲，用醃料拌勻，醃 5 分鐘備用。

2 洋蔥切絲；紅辣椒去籽切絲備用。

3 將除粗黑胡椒外的調味料調勻成醬汁。

4 取鍋熱 2 大匙油，放入牛肉炒至 8 分熟，瀝油取出備用。

5 同鍋炒香洋蔥，加少許鹽調味，放入紅辣椒略炒，取出盛盤。

6 同鍋另熱 1 大匙油，炒香大蒜末、紅蔥頭末，加入醬汁、牛肉及粗黑胡椒炒熟後，盛放在洋蔥上。

Jacko 的實做心得

✿ 喜歡軟嫩口感的人，建議選擇牛小里肌來做這道菜。

蠔油杏鮑牛肉

材料

- 牛肉 200 公克
- 大杏鮑菇 2 朵
- 綠花椰菜 200 公克
- 蔥 2 支
- 薑 10 片

調味料

- 蠔油 2 大匙
- 酒 1 大匙
- 糖 1 茶匙
- 水 3 大匙
- 太白粉 1/2 茶匙
- 麻油數滴

醃料

- 醬油 2 茶匙
- 酒 1 茶匙
- 糖 1/2 茶匙
- 水 2 大匙
- 太白粉 1/2 大匙
- 油 1 大匙

2~3 人份

1 牛肉逆紋切片，用醃料拌勻，醃 5 分鐘備用。

2 杏鮑菇切成滾刀塊；蔥切小段；調味料調勻成醬汁。

3 杏鮑菇快速燙過瀝乾備用；花椰菜分小朵燙軟，撈出沖冷水後瀝乾盛盤。

4 取鍋熱 1 大匙油，放入牛肉炒至 8 分熟，瀝油取出備用。

5 同鍋另熱 1 大匙油，將薑片炒香，放入杏鮑菇略炒，倒下醬汁和牛肉快速炒勻，起鍋前放入蔥段炒勻，盛入盤中。

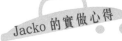
Jacko 的實做心得

- ✿ 肉逆紋切的話，吃起來較嫩。
- ✿ 菇類不用水洗，因水洗會破壞菇類的香氣，也會影響口感，如一定要洗，可快速沖過，再將水擠乾。

泰式椰汁牛肉

 🕐 **10** 分鐘

 材料

嫩牛肉 200 公克
大紅辣椒 1/2 支
檸檬葉 3 片

 調味料

椰漿（奶）1/3 罐
紅咖哩醬 1 茶匙
糖 2 茶匙
魚露 1 茶匙

醃料

醬油 1/2 大匙
糖 1/4 茶匙
水 2 大匙
香油 1 茶匙

2 人份

1 牛肉逆紋切成片，用醃料拌勻，先醃 5 分鐘。

2 紅辣椒斜切成片；檸檬葉剝去梗。

3 紅咖哩用約 1 茶匙油以小火先炒至香，加入椰奶、糖、魚露和檸檬葉，用小火煮滾。

4 煮滾後，加入牛肉片、大紅辣椒片，繼續用小火煮約 1 分鐘即可。

Jacko 的實做心得

❀ 醃牛肉時不需加入太白粉，否則會使椰汁變濃稠，而破壞菜肴原有的味道。
❀ 檸檬葉剝去梗，香氣比較容易出來。
❀ 因紅咖哩容易炒焦，所以炒香時只要使用小火即可。

番茄菠菜燴牛肉

 10 分鐘

 材料

牛肉 150 公克
番茄 2 個
菠菜 150 公克
蔥 2 支

 調味料

番茄醬 1 大匙
醬油 1/2 大匙
糖 1/4 茶匙
水 1 杯
麻油 1/4 茶匙
鹽適量

 醃料

醬油 2 茶匙
水 1 大匙
太白粉 1 茶匙
油 1 大匙

2～3 人份

1 牛肉逆紋切片後，先用醃料拌勻，醃 5 分鐘。

2 番茄去除外皮、切成小塊；蔥切段；菠菜切段。

3 取鍋熱 1 大匙油，將牛肉炒至 8 分熟時盛出。

4 用餘油炒香蔥段和番茄塊，淋下番茄醬和醬油炒一下，再加糖、鹽和水，小火煮至番茄微軟且釋出味道時，加入菠菜拌勻。

5 最後加入牛肉，以太白粉水勾芡，滴下麻油即可。

Jacko 的實做心得

✿ 番茄若太硬，可在煮時用鍋鏟壓一下，讓味道可以出來。
✿ 這道菜澆在白飯上做成燴飯也很合適。

銀杯黑椒牛肉

⏱ **10** 分鐘

🍞 **材料**

牛排 300 公克
菠菜 150 公克
大蒜 6 粒
鋁箔紙 1 大張

🧂 **調味料**

酒 1 大匙
水 1 大匙
醬油 1 大匙
美極鮮味露 1/2 大匙
糖 1/2 茶匙
無鹽奶油 1 大匙
黑胡椒粉適量

🫙 **醃料**

鹽、黑胡椒粉
各 1/4 茶匙

2~3 人份

1 大蒜切片;除胡椒粉及奶油的調味料調勻成醬汁備用。

2 牛排撒上醃料,放片刻後入鍋以大火煎至 5 分熟,取出,切成方塊。

3 菠菜剪掉根,整支在滾水中略燙(水中加少許鹽),沖涼、擠乾水分後切段,放在鋁箔紙上,上面再放上牛排塊。

4 用無鹽奶油將大蒜片煎黃,淋下醬汁,一滾即淋在牛排上。

5 鋁箔紙往上包覆肉塊,捏住兩端封緊,避免蒸氣滲透。

6 炒鍋加 1 杯水,煮滾後放入鋁箔盒,蓋鍋燜約 3 分鐘。

7 取出鋁箔盒,打開後撒上適量胡椒粉即完成。

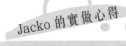

Jacko 的實做心得

❀ 菠菜用剪的是為了避免菠菜整株散掉,事先燙過是為了避免菠菜出水,影響菜肴風味。

❀ 家裡若有烤箱,可先將烤箱預熱至 250℃,再將鋁箔盒放入烤箱中,大火烤 4 ~ 5 分鐘,有香氣透出即可取出。

❀ 這道菜用牛排肉來做比較香,若使用現磨的粗粒黑胡椒,味道會更棒。

芥汁山藥牛肉捲

 10分鐘

 材料

火鍋牛肉片 6 片
山藥 100 公克
綠蘆筍 3 支

 調味料

美式芥末汁及
法式芥末適量

2~3 人份

1 綠蘆筍削去老皮，切去尾端較硬的部分，一切為兩段，投入熱水中燙半分鐘（水中加少許鹽），撈出立刻泡入冷水中。

2 山藥削皮，切成約 5 公分長的直條。

3 牛肉片平鋪在砧板上，放上山藥和蘆筍各 1 支，撒適量鹽調味，捲起。

4 平底鍋中塗少許油，放下牛小排捲，接縫處先煎一下，使其固定。再慢慢翻面略煎，至喜愛的熟度即可盛出，並淋上美式芥末汁及法式芥末。

Jacko 的實做心得

✿ 若喜愛食用熟一點的肉，可以淋下 2 大匙水，蓋上鍋蓋，以小火燜熟後再盛入盤中。

✿ 夏天時，可將山藥和蘆筍換成芒果和水梨，清甜的口感非常消暑開胃。

紅酒燉牛肉

 材料　　 調味料

牛肋條肉 900 公克　　紅酒 1 杯
番茄 3 個　　　　　　淺色醬油 4 大匙
洋蔥 2 個　　　　　　鹽 1/4 茶匙
大蒜 2 粒　　　　　　糖 1 茶匙
月桂葉 2 片
八角 1 顆

2 ~ 4
人份

1 牛肉切成約 4 公分塊狀，煎至微焦黃。

2 番茄去皮，切成 4 ～ 6 塊；洋蔥切大塊；大蒜略拍過。

3 取鍋熱 2 大匙油，炒香洋蔥、大蒜，加入番茄再炒，炒至番茄出水變軟，盛出一半量的番茄和洋蔥。（番茄盡量選小的，且盡量不要盛出大蒜）

4 將牛肉塊倒入鍋中，再略加翻炒，淋下紅酒，大火煮一下，加入月桂葉、八角、醬油和水 2 杯，換入燉鍋中，先煮至滾，再改小火燉煮 90 分鐘。

5 加入預先盛出的洋蔥和番茄塊，再煮 10 分鐘至喜愛的軟爛度，加鹽和糖調妥味道。

Jacko 的實做心得

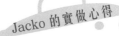

❀ 也可選用螺絲肉、牛腱。
❀ 番茄去皮是為了避免烹煮時，番茄皮浮在料理上。
❀ 可使用鋸齒狀削皮刀去軟皮，處理起來會更加方便輕鬆。

在料理的過程中我練出了體力、耐力
及組織能力，更重要的是，我在廚房裡找
到了幸福的能量。

Part 4

蔬菜
料理

幸福美味健康吃

芥汁木耳

 材料

乾木耳 15 公克
洋蔥 1/3 個
胡蘿蔔 1 小段
香菜 1～2 支

 調味料

胡麻醬或芝麻沙拉醬 5 大匙
綠芥末醬 2 茶匙
醬油 1 茶匙
糖 1 茶匙
麻油 1 茶匙

2～3 人份

1 乾木耳泡冷水至發脹、柔軟，摘去蒂頭，沖洗乾淨，放入滾水中燙煮 3～5 分鐘撈出，沖涼。

2 調味料調勻成醬汁備用。

3 洋蔥切絲、香菜切段、胡蘿蔔切絲，一起浸泡在冰水中 5 分鐘，瀝乾水分。

4 放入木耳、洋蔥、胡蘿蔔、香菜和醬汁，拌勻後放置 5～10 分鐘使其更加入味即可。

Jacko 的實做心得

✿ 此道菜使用的是乾川耳，川耳口感較脆，適合用來做涼拌或甜點。

香檸醃蘿蔔

2 小時

 材料

白蘿蔔 400 公克
香菜梗末 1/4 茶匙
檸檬皮適量

 調味料

糖 5 大匙
檸檬汁 5 大匙

 醃料

鹽 1/2 茶匙
糖 2 茶匙

2 人份

1 蘿蔔去皮切成 3 公分厚的大片,在兩旁放筷子,每隔 0.2 公分切上一道刀口,每 10 刀切斷再橫著切成片,成為梳子片狀。

2 將蘿蔔、醃料一起放入塑膠袋拌勻,擠出空氣使蘿蔔密封在袋中,放冰箱醃 1 小時。

3 取出蘿蔔用水沖洗幾次,除去苦汁和鹹味,擠乾水分。

4 把蘿蔔重新放回洗淨的塑膠袋中,加入事先調好的調味料、檸檬皮拌勻,醃泡 1 小時取出盛盤,撒上香菜梗末即可。

Jacko 的實做心得

✿ 蘿蔔切成梳子狀是為了使其更加入味,切筍時也可這樣做。
✿ 若不想切成梳子狀,切成蘿蔔絲也可以。

和風菠菜沙拉

 材料

菠菜 300 公克
白芝麻 1 茶匙
柴魚片適量

 調味料

日式芝麻醬 3 大匙
水 1 大匙
糖 1 大匙
醬油 1 大匙
麻油 1 茶匙

2~3 人份

1 調味料調勻；菠菜洗淨，剪去根鬚，泡在水中除去沙泥。

2 煮 1 鍋水，先放下菠菜根部燙 20 秒使其微軟後，再整支放下燙 10 秒，取出放入涼水或冰水中降溫。

3 整支菠菜擠乾水分後切段、排盤。

4 淋上攪拌均勻的調味料，撒上柴魚片、白芝麻即完成。

Jacko 的實做心得

✿ 剪菠菜根鬚時不要剪太多，要使菠菜仍連在一起，以方便後續的料理。

馬鈴薯蘋果沙拉

 材料

馬鈴薯 2 個
蛋 5 個
蘋果 2 個
胡蘿蔔 1 小段
黃瓜 2 條
火腿 4 片
美乃滋 150 公克

 調味料

鹽 1/3 茶匙
胡椒粉 1/4 茶匙

5～6 人份

1 馬鈴薯、胡蘿蔔和雞蛋洗淨,放入鍋中,加水煮熟,依序取出;馬鈴薯略壓成泥;胡蘿蔔切片再切碎;蛋切碎,放入一個大碗中。

2 黃瓜切片,用少許鹽醃一下,擠乾水分,沖去鹹味,也放入大碗中。

3 蘋果切丁,火腿切碎,也放入大碗。

4 全部材料拌勻,加入美乃滋、鹽和胡椒粉調味。

Jacko 的實做心得

✿ 切蛋時,可先將蛋黃挑出放入馬鈴薯泥中,只切蛋白較易操作。
✿ 馬鈴薯連皮煮熟後,再放入冷水中剝皮,省時又省力。
✿ 黃瓜加鹽可去除澀味。
✿ 將材料換成水果,再放入冰淇淋甜筒內,就成了最可愛的甜點。

羅勒香蒜炒雙菇

材料

新鮮香菇 200 公克
洋菇 10 粒
大蒜末 1 大匙
九層塔葉 10 片

調味料

醬油 1 大匙
糖 1 茶匙
美極鮮味露 1/2 大匙
黑胡椒粉適量

2 人份

1 香菇去蒂打斜切片；洋菇視大小一切為兩半或三厚片。

2 九層塔用紙巾擦乾水分，再切碎。

3 起油鍋，用 3 大匙橄欖油炒香大蒜末，放入香菇和洋菇續炒，待香菇變軟時，加入醬油和美極鮮味露烹香，加少許水和糖再炒。

4 上蓋，燜煮至喜愛的軟度，再撒下黑胡椒粉和九層塔屑，盛出即成。

雪菜筍丁炒毛豆

材料

雪裡紅 150 公克
熟筍 1 支
冷凍毛豆 1/2 杯
蔥花 1/2 大匙
紅辣椒 1/2 支

調味料

鹽、糖、麻油 1/4 茶匙

2～3 人份

1 紅辣椒切圈；雪裡紅梗子一支一支撕開，用水沖洗擠乾水分。

2 雪裡紅梗上老的地方切掉，其餘的切細丁粒，切到葉子及較老的部分就不要了，並將細丁水分再次擠去。

3 熟筍切丁，冷凍毛豆泡滾水瀝乾備用。

4 熱 2 大匙油炒香蔥花、筍丁，放下毛豆並加入鹽、糖、水 1/2 杯，煮 2～3 分鐘。

5 加入雪裡紅大火炒勻、炒熱，撒下紅辣椒圈增色再滴下麻油增香。

Jacko 的實做心得

❀ 市售已切好的包裝雪菜，老葉子較多，口感較差，此道菜須呈現雪菜梗的清脆口感，故買整支雪菜自己處理較佳。

椒香銀芽

 材料

綠豆芽 450 公克
韭菜 3～5 支
花椒粒 1 大匙

 調味料

醬油 1 大匙
白醋 1 大匙
糖 1/2 大匙
鹽 1/4 茶匙

2～3 人份

1 將綠豆芽的菜尾根摘掉，洗淨瀝乾；韭菜尾端切除，再切 3 公分段。

2 將調味料調勻成醬汁。

3 煮一鍋滾水加入鹽 1 茶匙，放下綠豆芽燙 30 秒，起鍋前放下韭菜燙數秒即可一起取出，瀝乾水分。

4 取鍋加油 1 大匙、麻油 1 大匙，同時放下花椒粒一起以小火加熱至花椒粒炸出香氣，加入醬汁一滾即關火。

5 放入綠豆芽、韭菜拌勻放置片刻，待其入味再食用。

Jacko 的實做心得

❀ 韭菜尾端較老，吃起來較硬，故將其切除。

❀ 作法 4 加入兩種油，是因全部都使用麻油，會使菜肴變得太燥熱。

蝦醬空心菜

 材料

空心菜 300 公克
蝦米 1 大匙
大蒜末 1/2 大匙
紅蔥頭片 1/2 大匙
紅辣椒 1 支

 調味料

泰國蝦醬 2 茶匙
糖 1 茶匙
米酒 1 大匙
麻油 1/4 茶匙

2~3 人份

1 空心菜洗淨，切成 4 公分長段；紅辣椒去籽，切細絲。

2 蝦米泡軟，剁成細末；蝦醬加入米酒、糖調開成醬汁備用。

3 取鍋熱 2 大匙油炒香紅蔥頭片，再放入大蒜末、蝦米炒香。

4 放入醬汁、空心菜和紅辣椒絲以大火拌炒，至空心菜炒熟，淋少許麻油即可。

Jacko 的實做心得

✿ 炒空心菜時，建議先放入梗略炒 10 秒，再放入葉子快炒，吃起來較好吃。

雙菇燒麵筋

材料

乾香菇 5 朵
洋菇 8 粒
麵筋 8 個
蔥 1 支
青江菜 5 棵

調味料

醬油 1 大匙
糖 1/2 茶匙
太白粉 1 茶匙
麻油 1/4 茶匙

2～3
人份

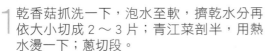

1 乾香菇抓洗一下，泡水至軟，擠乾水分再依大小切成 2～3 片；青江菜剖半，用熱水燙一下；蔥切段。

2 洋菇去蒂快速沖洗一下，擦乾水分，對切成兩半或厚片。

3 麵筋用冷水泡軟，擠乾水分備用。

4 燒熱 2 大匙油炒香香菇和蔥段，再加入洋菇同炒，放下醬油和糖，並淋下 2/3 杯水煮滾。

5 放入麵筋和燙過的青江菜，再以小火煮 3～5 分鐘，至湯汁將收乾勾芡，滴下麻油即可關火。

Jacko 的實做心得

❀ 泡軟的麵筋必須將水分擠去，才可去除油耗味。

清蒸杏鮑菇

材料

大型杏鮑菇 3 支
蔥 1 支
紅甜椒 1/4 個
芹菜 2 支

調味料

蠔油 2 大匙
水 2 大匙
麻油 1 茶匙
太白粉水 1 茶匙

2～3 人份

1 調味料調勻成醬汁；芹菜切絲；紅甜椒切絲；蔥切絲。

2 切掉杏鮑菇的圓形菇傘，用滾水煮 3 分鐘後撈出沖涼。

3 熟杏鮑菇切成 0.5 公分的片狀，再交叉切上刀口。

4 花紋朝外捲起，用牙籤固定，排列在盤中，上鍋以大火蒸 5 分鐘。

5 杏鮑菇取出抽去牙籤，盛出；燒熱 1 大匙油，加入醬汁煮滾，再加入蔥絲、甜椒絲和芹菜絲炒勻，迅速淋在蒸好的杏鮑菇上即可。

在廚房，我做菜給心愛
的人吃；兒子出生後，老婆
做副食品給兒子吃，料理將
我們一家人的心連在一起。

Part 5

海鮮料理

吃得到海洋鮮味

五味魷魚捲

 材料

透抽 1 隻
蔥 1 支
薑 2 片
紅辣椒 1 支
大蒜 2 粒

 調味料

番茄醬 3 大匙
糖 2 茶匙
醬油膏 1 大匙
烏醋 1 茶匙
白醋 1 茶匙

2 人份

1 透抽去頭、去皮，剖開洗淨。在表面切上間隔 0.5 公分寬的直條刀紋，注意不要將透抽切斷。

2 再切斜刀，第一刀不切斷，第二刀再切斷，如此切成雙飛刀片，用水洗一下，減少黏質。

3 蔥、薑、紅辣椒和大蒜分別剁碎（大蒜可磨成泥），拌入調味料調勻成五味醬備用。

4 燒一鍋滾水滴少許酒，放下透抽關火。燙約 10 秒至變色，撈出盛盤，附上五味醬上桌。

Jacko 的實做心得

✿ 花刀要切在透抽內部，才燙得出花紋。

沙茶拌海鮮

 材料

鮮蝦 10 隻
蟹腿肉 10 支
鮮干貝 6 粒
粗蘆筍 4 根
蔥 10 小段
木耳適量

 調味料

沙茶醬 3 大匙
水 4 大匙
醬油 1 大匙
糖、麻油各 1 茶匙
鹽 1/4 茶匙

2~3 人份

1 干貝切開成大片，燒一鍋滾水將蘆筍切斜段、木耳切斜片放入燙 30 秒，取出放入大碗備用。

2 將蝦去殼留尾殼，開背去腸泥擦乾，與蟹腿肉、新鮮干貝放入同鍋滾水燙熟，取出放入大碗備用。

3 調味料調勻成醬汁，熱鍋下 1 大匙油，炒香蔥段後將醬汁倒入。

4 以小火煮滾，再倒入各種海鮮及蔬菜料拌勻即可盛出。

Jacko 的實做心得

❀ 可以將鮮蝦等海鮮料用適量的太白粉水拌醃 5 分鐘再燙熟，吃起來會更滑嫩。

泰式涼拌海鮮

10 分鐘

材料

透抽 1 隻
鮮蝦 8 隻
洋蔥 1 個
小番茄 6 顆
中芹 3 支

香菜 3 支
蒜仁 3 粒
辣椒 2 支
花生碎 1/3 碗

調味料

是拉差辣椒醬 3 大匙
泰式甜雞醬 1 大匙
魚露 1 茶匙
糖 1 茶匙
檸檬汁 5 大匙

2~3 人份

1 小番茄對半切；芹菜切段；香菜葉略切；洋蔥切絲泡冰水備用。

2 香菜梗及蒜切末、辣椒去籽切末，和所有調味料混合備用。

3 透抽去頭、去皮切花刀，再切斜片。

4 鮮蝦去殼劃背去腸泥；滾水將透抽、鮮蝦汆燙 30 秒後冰鎮，再加入作法 2 的調味料，攪拌均勻，灑上碎花生、香菜葉即完成。

Jacko 的實做心得

❀ 洋蔥泡冰水時，記得要換一次水再續泡，如此可降低其辛辣味並且增加爽脆感。
❀ 透抽皮偶有腥味，所以做涼拌沙拉時要去除。

青豆燴魚丁

10 分鐘

 材料

鯛魚或鱈魚肉 150 公克
青豆 150 公克
熟筍丁 2 大匙
竹笙 3 條
蔥花 1 大匙

 調味料

酒 1 茶匙
水 1 杯
鹽 1/3 茶匙
白胡椒粉 1/4 茶匙
太白粉水、麻油適量

 醃料

鹽、胡椒粉
太白粉各 1/4 茶匙
水 2 大匙

2 ~ 3 人份

1 魚肉切條再切成丁,用醃料拌勻醃約 5 分鐘;竹笙泡軟,切成片。

2 煮滾水,放下青豆和竹笙汆燙 1 分鐘,撈出,再放入魚丁燙 10 秒鐘即撈出。

3 起油鍋用 1 大匙油爆香蔥花,淋下酒、水,加入鹽、白胡椒粉。

4 放入竹笙、筍丁和青豆,煮滾後放下魚丁再燴煮一滾,勾芡後滴下麻油拌勻即可。

魚香炒魚片

 材料

鯛魚片 250 公克
絞肉 3 大匙
木耳碎 2 大匙
荸薺 4 粒
大蒜碎 1 茶匙
薑末 1 茶匙
蔥花 1 大匙

 調味料

辣豆瓣醬 1 大匙
醬油 1 大匙
糖 2 茶匙
醋 2 茶匙
鹽 1/4 茶匙
水 1/2 杯
太白粉水 2 茶匙
麻油 1 茶匙
胡椒粉 1/4 茶匙

 醃料

鹽 1/4 茶匙
水 2 大匙
蛋白 1 大匙
太白粉水 1 大匙

2～3 人份

1 魚肉打斜切成厚片，用醃料醃過放入冰箱冷藏 5 分鐘；調味料除水、太白粉水、麻油以外，全部攪拌均勻備用；荸薺拍扁，切碎。

2 煮一鍋滾水放入魚片，以中火煮 40～50 秒，至魚變色已熟時小心撈出。

3 熱鍋下 2 大匙油，先炒香絞肉、蒜碎、薑末再加入木耳碎、荸薺和調味料一起炒香。

4 加入水和魚片煮至滾，勾芡後滴下麻油，撒下蔥花和胡椒粉一拌即關火，起鍋盛盤。

廣式清蒸魚

 材料

馬頭魚／石斑 1 條（約 450 公克）
蔥 2 支
薑絲 2 大匙
蔥絲 1/2 碗
香菜段 1/2 碗

 調味料

醬油 2 大匙
糖 1/2 茶匙
熱水 3 大匙
酒 1 茶匙
白胡椒粉 1/4 茶匙

2~3 人份

1 魚洗淨、擦乾，在魚背上劃上長刀口；蔥切長段；調味料調勻成醬汁。

2 盤子上先放蔥段，再將魚擺在上面，撒下薑絲，再淋下酒。

3 入蒸鍋大火蒸 10 分鐘，確定魚熟後端出。（可用筷子插入魚肉較厚的背部測試）

4 倒出盤中的蒸汁，取出墊著的蔥段，撒下胡椒粉。

5 熱鍋下 2 大匙油，淋下醬汁，一滾即關火，撒下蔥絲全部淋在魚身上，最後撒下香菜段即可上桌。

泰式檸檬魚

 材料

鱸魚 1 條
大蒜末 1 大匙
紅辣椒末 2 茶匙
香菜末 1 大匙
香菜段適量

 調味料

糖 2 茶匙
檸檬汁 3 大匙
魚露 2 大匙
熱水 1/2 杯（100c.c.）

 醃料

酒 1 茶匙
鹽 1/4 茶匙

2～3 人份

1 鱸魚洗淨，由腹部剖開，但背部仍相連成一整片。放在蒸盤上，灑上醃料。

2 水滾後放魚盤入蒸鍋內，用大火蒸約 8～9 分鐘。見魚已熟，取出魚盤，將蒸魚汁倒掉。

3 碗中將香菜末、蒜末、辣椒末和調味料調勻，淋到魚身上，再放入蒸籠內蒸約 30 秒後取出，撒上香菜段上桌。

XO 醬鮮蝦粉絲煲

 材料
 調味料

材料	調味料
鮮蝦 12 隻	奶油 1 小塊（約 15 公克）
寬粉條 2 把	XO 醬 2 大匙
蔥 2 支	蠔油 1 大匙
薑 12 小片	醬油 1 大匙
大蒜 2 粒	紹興酒 2 大匙
辣椒 1 支	糖 1 大匙
香菜 1 把	高湯 1 罐

2～3 人份

1 蝦洗淨修剪頭鬚；寬粉條用冷水泡軟，略剪短。

2 蔥除去蔥綠，蔥白切段；大蒜切片；辣椒去籽切片；香菜切段備用。

3 取一砂鍋加熱後用奶油爆香蔥白、蒜片、薑片、辣椒片後加入 XO 醬，炒香後嗆入紹興酒 1 大匙，加入高湯、蠔油、醬油、糖調味。

4 湯汁煮滾後將蝦子放入，上蓋烹煮約 3 分鐘，煮至蝦熟並將鮮蝦味煮入湯汁中，再將其取出備用；寬粉條放入湯汁中，邊攪拌邊煮約 2 分鐘，讓粉條吸飽湯汁。

5 將蝦子一隻隻頭上尾下圍成一圈放在粉絲上，蓋鍋續煮 30 秒，開蓋放上香菜即完成。

Jacko 的實做心得

✿ 此道菜的蝦不用開背，若開背烹煮會太乾，破壞口感。

✿ 也可以用一般粉絲，但因較細不耐煮，不需泡軟,只要沖洗一下就可以煮了。

泰式咖哩蝦

 材料

鮮蝦 10 隻
芹菜 2 支
洋蔥 1/4 顆
大紅辣椒 1/2 支
韭菜 2 支
蛋 2 顆

 調味料

奶油 1 大匙　　咖哩粉 1 茶匙
蠔油 1 大匙　　高湯 1 杯
魚露 1 茶匙　　椰漿 4 大匙
糖 1 茶匙　　　紅油 1 茶匙

2～3 人份

1 蝦子修剪掉頭鬚，擦乾水分後去除腸泥，剪開背部。

2 芹菜和韭菜分別切成約 4 公分的長段；洋蔥切絲；紅辣椒切片。

3 紅油和蛋一起打均勻，備用。

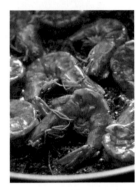

4 炒鍋中熱 2 大匙油，放下蝦子先將一面煎紅，再翻面煎至變色盛出。

5 用少許油將芹菜段、洋蔥絲、大紅辣椒片、韭菜段和奶油以小火爆香。

6 加入咖哩粉炒香，加入高湯、蠔油、魚露、糖、椰漿，再放入蝦子拌煮至滾。

7 接著沿鍋邊加入打散的蛋汁，等 10 秒鐘再用鍋鏟將蛋汁由鍋外圍推進中間成蛋片即可盛出。

Jacko 的實做心得

❀ 剪頭鬚時需一併將蝦眼一起剪掉，因蝦眼在煎炒時會出水，造成油爆。

❀ 蛋沿鍋邊加入可以順帶被煎香。

❀ 泰式咖哩蝦不論是配飯、沾著麵包食用，都很適合。

韓國泡菜海鮮煎餅

 材料 調味料 蛋麵糊

韓國泡菜 1/2 杯	鹽 1/4 茶匙	蛋 1 個
鮮蝦 6 ～ 8 隻		中筋麵粉 1 杯
透抽 1/2 條		糯米粉 3 大匙
		水 3/4 杯

2～3 人份

1 將泡菜的汁略為擠乾，切成絲；鮮蝦去殼去腸泥，擦乾水分切小丁；透抽切短條。

Jacko 的實做心得

❀ 餅翻面後可以再加入 1 大匙油來煎，增加餅的脆度。

❀ 沒有糯米粉可以不加，但加糯米粉可使口感更滑軟。

2 蛋打散，加入鹽、中筋麵粉、糯米粉和一半量的水，先把麵粉攪勻成濃糊，再慢慢加入剩餘的水完成麵糊，並加入泡菜和泡菜汁拌勻備用。

3 熱鍋用 2 大匙油將鮮蝦和透抽炒熟，連同油一起倒入麵糊中拌勻。

4 同鍋加熱後，將麵糊倒入鍋中，並以中小火先將一面煎熟，翻面後用鍋鏟壓過再煎至熟，即可盛盤。

因為下廚做菜，讓我成為
一個好丈夫、一個好爸爸、一
個愛家的料理人。

飯麵料理

給你滿滿飽足感

麻婆豆腐蓋飯

 材料

 調味料

豆腐 1 盒
豬絞肉 50 公克
蔥 1 支
蒜 1 個
薑 1 小塊
辣椒 1 支
白飯 2 碗

辣豆瓣醬 1 大匙
酒 1 大匙
醬油 1 大匙
糖 1 茶匙
水 200c.c.（約 1 碗）
太白粉水 1 大匙
花椒粒 1½ 茶匙

2~3 人份

1 辣椒去籽切碎；以 1 茶匙油煸香花椒粒，將花椒粒瀝油取出，留油備用。

2 大蒜切碎；豆腐切成小四方丁；蔥切蔥花；薑切成末。

3 用 1 大匙油炒熟絞肉，再加入大蒜屑、薑末、一半的蔥花、辣椒屑炒香。

4 加入辣豆瓣醬、酒炒香後，加入水、醬油、糖和豆腐，輕輕拌合，煮滾後轉小火，蓋鍋續煮 3 分鐘至入味。

5 開蓋後，加入太白粉水勾芡，淋上花椒油，略拌均勻。

6 關火後把麻婆豆腐盛鋪在白飯上，撒上另一半蔥花即可。

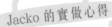

Jacko 的實做心得

✿ 煸花椒油時，花椒應與油同時間放入，若等油熱了才放花椒粒，容易將花椒粒煎黑或煎出花椒的苦味。

✿ 建議使用嫩豆腐較容易入味。

✿ 因豆腐較易破裂，攪拌時建議用推的，並注意力道，以免豆腐破碎。

✿ 太白粉水的比例多為 1:1。

日式壽喜燒蓋飯

⏱ 10 分鐘

 材料

火鍋牛肉片 200 公克
新鮮香菇 3 朵
洋蔥 1/2 個
蒟蒻絲 1 包
蔥 1 支
白飯 2 碗

 調味料

水 1 杯
柴魚片 1 包
醬油 3 大匙
味醂 2 大匙
糖 1 大匙
七味粉適量

2～3 人份

1 水快煮滾時，放入柴魚片煮 30 秒後，撈棄柴魚片，加入醬油、味醂和糖調勻，做成壽喜燒醬汁。

2 牛肉片切段；香菇去蒂，切成薄片；洋蔥切絲；蒟蒻絲汆燙後略切短；蔥切絲。

3 取鍋熱 1 大匙的香油，放入牛肉片炒至 6 分熟，再加入洋蔥絲、香菇片同炒至香氣散出。

4 同鍋加入壽喜燒醬汁和蒟蒻絲煮滾至濃稠，拌入蔥絲；將牛肉和其他材料盛在飯上，再淋下湯汁，撒下七味粉即成。

Jacko 的實做心得

❀ 洋蔥順紋切，吃起來較脆，喜歡清脆口感的人可以嘗試看看。
❀ 蒟蒻汆燙過，可去除異味。
❀ 若想節省時間，可買現成的壽喜燒醬汁使用。

雞排扣飯

 材料

去骨仿土雞腿 1 支
蝦米 2 大匙
香菇 3 朵
筍丁 2 大匙
新鮮蓮子 1/2 杯
紅蔥頭 4 粒
長糯米 2 杯
香菜 1 支

醃料

醬油 1½ 大匙
紹興酒或米酒 1/2 大匙
糖 1/2 茶匙
黑胡椒粉適量

2~3 人份

1 長糯米洗淨加水 1 杯,煮成糯米飯;新鮮蓮子煮 3 分鐘撈起備用。

2 雞腿剔除大骨,用刀根在白筋上剁上刀口,用醃料拌醃 5 分鐘。

3 蝦米泡軟略切;香菇泡軟,去蒂切小丁;紅蔥頭切片;香菜切成小段。

4 熱 2 大匙油,雞腿略擦乾,皮面朝下放入鍋中,上蓋以大火煎約 20 秒,將雞皮煎上色後,再翻面續煎 20 秒。

5 取出放涼切成寬條,皮朝下排在碗底部。

6 取鍋熱 2 大匙油炒香紅蔥頭片,放入香菇和蝦米炒香,加入蓮子和筍丁,淋下剩餘的醃料和水 2 大匙,煮滾至略收汁,關火,放入糯米飯拌勻。

7 將全部材料填塞在碗內,蓋上盤子或鋁箔紙,上蒸鍋蒸 60 分鐘,取出倒扣在大盤子上,撒上香菜。

Jacko 的實做心得

✿ 攪拌糯米飯時,可直接以手輔助,較方便輕鬆。
✿ 蝦米略切即可以保持口感。
✿ 將飯塞入碗內時,只須輕輕填塞即可,以免飯粒黏在碗上。
✿ 此道菜建議使用口感較 Q 的仿土雞,若使用肉雞,容易煮得過爛,影響口感。

XO 醬雞肉炒飯

 10 分鐘

 材料

雞胸肉 120 公克
蛋 2 個
白飯 2 碗
青江菜 3 支
蔥 1 支

 調味料

XO 醬 2 ～ 3 大匙
鹽 1/4 茶匙
白胡椒粉 1/4 茶匙

醃料

蠔油 1 大匙
水 2 大匙
太白粉 1 茶匙
油 1 大匙

2~3 人份

1 雞胸肉切丁,拌上醃料醃 5 分鐘;調味料調勻備用。

2 蛋打散;蔥切蔥花;青江菜切短段。

3 鍋中燒熱 1 大匙油,放下雞丁炒至 9 分熟取出,再熱 1 大匙油加入蛋汁炒散,放下白飯炒散,並撒下調味料炒勻。

4 最後加入雞丁、青江菜、蔥花,大火快炒幾下即可。

Jacko 的實做心得

❀ 用長筷子炒飯,可以更輕鬆的將飯炒散。

❀ 炒飯開始時建議用中小火炒,且不要用煎鏟壓飯,否則會使炒飯越炒越黏,不易炒散。

❀ 飯煮得較黏時,可拌入適量美乃滋,美乃滋的油分可讓飯較易炒散。

沙茶菜脯炒飯

 **10**分鐘

 材料

 調味料

蛋 2 個
蘿蔔乾 2 大匙
四季豆 6 支
蔥 1 支
白飯 2 碗

沙茶醬 1 大匙
白胡椒粉 1/4 茶匙
鹽適量

2~3人份

1 蘿蔔乾沖一下後用水浸泡片刻，擠乾水
分減低鹹度，再切成小丁。

2 蛋打散；蔥切成蔥花；四季豆燙 1 分鐘，
脫去生味後，切成丁粒。

3 取鍋燒熱 2 大匙
油，將蛋炒成片
盛出。

4 同鍋放下蘿蔔乾，
以餘油煸炒至香
氣透出後，再加
入蔥花、四季豆
炒香。

5 放入白飯，改小
火慢慢炒散，加
沙茶醬炒勻，撒
下適量鹽和胡椒
粉調味，放回蛋
片，再炒勻即可。

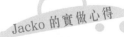 Jacko 的實做心得

❀ 蛋與飯分開炒再同
炒，可炒出蛋片的
口感，較吃得出蛋
的滑嫩。

海鮮燴飯

 材料

鯛魚片 80 公克
鮮蝦 5 隻
新鮮香菇 2〜3 朵
綠花椰菜 1/3 棵
蔥 1 支
白飯 1 碗

 調味料

醬油 1 茶匙
太白粉水 2 茶匙
胡椒粉 1/4 茶匙
鹽適量
麻油數滴

 醃料

鹽 1/4 茶匙
太白粉 1 茶匙

1 人份

1 鯛魚片去血肉部分,再斜切成片;蔥切段;鮮蝦去殼,洗淨擦乾避免出水,再將其開背。

2 兩種海鮮一起放碗中,加醃料拌勻,醃 5 分鐘。

3 新鮮香菇去蒂切成條;綠花椰菜切小朵。

4 煮滾水,放入綠花椰菜先燙一下,撈出,再放入魚片和鮮蝦氽燙一下,撈出。

5 熱鍋後下 1 大匙油,爆香蔥段,加入香菇炒一下,淋下醬油和 2/3 杯水煮滾。

6 加綠花椰菜、鹽和胡椒粉調味,煮滾後轉小火勾芡,放魚片和鮮蝦,再煮滾即可關火,滴幾滴麻油,澆至白飯上。

Jacko 的實做心得

✿ 魚的血肉部分略帶腥味,所以建議切除。

✿ 因為蝦子會出水,所以料理鮮蝦時一定要擦乾再加醃料。

茄汁蛋包飯

 材料

洋蔥小丁 2 大匙
洋菇 3 粒
青豆 1 大匙
白飯 1 碗
蛋 2 個
火腿 2 片

 調味料

A
鹽 1/4 茶匙
太白粉水 1 茶匙
B
番茄醬 2 大匙
鹽 1/3 茶匙
胡椒粉 1/4 茶匙

1 人份

1 火腿切丁；洋菇去蒂切片；蛋加鹽打散，再加入太白粉水打勻。

2 熱鍋加 1 大匙油，炒香洋蔥丁和洋菇，再加入白飯。

3 白飯炒透後加入調味料 B 略炒，再加入青豆炒勻盛出。

4 熱鍋加少許油，倒入蛋汁，轉動鍋子，讓蛋汁成圓形蛋皮。

5 見蛋汁已有約 7～8 分凝固時，放下炒飯，再將蛋皮翻蓋過去，把炒飯包起來。

6 翻面再煎一下，盛入盤中，擠上番茄醬。

Jacko 的實做心得

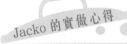

✿ 煎蛋時油不宜加過多，油太多蛋容易滑動，增加煎蛋皮的難度。

麻醬麵

 材料

乾細麵 200 公克
小黃瓜 1 條
白芝麻 1 大匙

 調味料

芝麻醬 1 大匙
花生醬 1/2 大匙
水 3 ～ 4 大匙
醬油 2 大匙
鹽 1/4 茶匙
糖 1/6 茶匙
麻油 1 大匙

2 人份

1 小黃瓜切絲。

2 芝麻醬和花生醬一起放碗中,將水分 3 次加入,耐心攪拌,見水分已完全調勻,再加入其他調味料調好。

3 煮滾水,放入麵條,用筷子挑散開煮熟,將麵條撈出放入碗中,淋上調勻的調味料趁熱拌勻,放上黃瓜絲和白芝麻即可上桌。

Jacko 的實做心得

✿ 芝麻醬中加一些花生醬,可以增加香氣。
✿ 白芝麻可先用乾鍋炒香,氣味會更濃郁。
✿ 麵條裝碗後會吸水膨脹,因此醬料要調稀一點,以免上桌後太乾。

麻油雞麵線

 材料

棒棒雞腿 3 支
老薑片 100 公克
麵線 300 公克
枸杞 2 大匙

 調味料

黑麻油 3 大匙
冰糖 1 大匙
米酒 500 c.c.
水 300 c.c.

2~3 人份

1 煮一鍋滾水備用；棒棒雞腿剁成圈塊；老薑切片或拍扁；枸杞泡水。

2 起油鍋，放下麻油和老薑，煸炒至香且黃時，放下雞塊以大火同炒。

3 炒約 3 分鐘，至雞皮略焦黃有香氣時，淋下米酒、冰糖及水以大火續煮。

4 麵線用滾水燙 1 分鐘，撈出放至作法 3 的鍋中，再放入瀝乾的枸杞續煮 1 分鐘，起鍋前淋上適量麻油提香即可。

Jacko 的實做心得

✿ 加米酒時須將火關小，以免火竄上來。

日式炒烏龍麵

⏱ 10 分鐘

2 人份

 材料

肉絲 1 大匙
鮮香菇 3 朵
魚板數片
洋蔥 1/4 個
烏龍麵 200 公克
水 1 杯
海苔芝麻香鬆適量
高麗菜適量

 調味料

醬油 2 大匙
味醂 1 茶匙
烏醋 1 茶匙
鹽 1/4 茶匙
柴魚片適量

 醃料

醬油 1/2 茶匙

1 香菇、洋蔥、魚板切成條；高麗菜切寬條。

2 肉絲用醃料醃 5 分鐘；將除烏醋外的調味料調勻成醬汁。

3 熱鍋用 2 大匙油先炒熟肉絲，盛出。放入洋蔥再炒，炒香後加入香菇和高麗菜略炒，加入水和醬汁煮滾。

4 放烏龍麵、肉絲和魚板炒勻，蓋鍋蓋燜煮 1 分鐘至烏龍麵回軟，起鍋前淋烏醋及海苔芝麻香鬆即可。

沙茶雞肉炒麵

 材料

去骨雞腿 1 支
乾香菇 3 朵
綠花椰菜 1/2 棵
蔥 1 支
薑片 2～3 片
油麵 300 公克

 調味料

沙茶醬 2 大匙
醬油 1/2 大匙
酒 1/2 大匙
鹽 1/4 茶匙
糖 1/4 茶匙
水 2/3 杯

 醃料

醬油 1 大匙
水 2 大匙
太白粉 1 茶匙

2 人份

1 雞腿肉去皮後在肉面上輕輕斬剁數刀，再切成塊，用醃料拌勻，醃 5 分鐘。

2 蔥切段；乾香菇泡軟、切成絲；花椰菜切成小朵，用熱水汆燙一下，撈出沖涼；油麵汆燙 3 秒撈出備用。

3 熱鍋加 1 大匙油，把雞肉炒至 8 分熟。

4 將蔥段、薑片和香菇絲放鍋中炒，放入沙茶醬炒香，再加其他調味料炒勻，放綠花椰菜和油麵，挑拌勻即可盛出。

Jacko 的實做心得

❀ 汆燙油麵可去除油麵的鹼味，釋放麵中的澱粉質，讓沙茶更容易附著在麵上。

香蒜培根麵

 材料

培根 3～5 片
大蒜 5 粒
義大利麵 200 公克
巴西利碎末 1/4 茶匙

 調味料

橄欖油 2 大匙
黑胡椒粉 1/4 茶匙
鹽適量

2 人份

1 培根切成 1 公分的寬片；大蒜也切片。

2 煮一大鍋水，水中加 1 茶匙鹽和 1 大匙油，放下義大利麵煮熟，撈出、瀝乾水分。

3 炒鍋中用 2 大匙橄欖油把大蒜片以小火煎至黃，盛出備用。

4 同鍋放下培根片，以小火煎至出油且微黃。

5 放下煮好的義大利麵，加鹽及胡椒粉調味，放回大蒜片拌炒均勻即可裝盤，撒下巴西利碎末。

Jacko 的實做心得

❀ 各廠牌義大利麵煮熟時間不一，請參考所購買麵條的包裝。
❀ 煮麵時加入油，是為了避免麵條沾黏。
❀ 食用時可依個人喜愛撒下起司粉、胡椒粉或辣椒粉。
❀ 喜歡吃辣的口味，可以加入粗粒辣椒粉或乾辣椒絲一起炒一下，會更有香氣！

家常麵疙瘩

 材料

瑤柱 4 粒
大白菜 300 公克
蛋 1 個
蔥花 1 大匙
麵粉 1.5 杯
水 4 杯

 調味料

醬油 2 茶匙
鹽 1 茶匙

2~4 人份

1 瑤柱放入碗中，再加入蓋過瑤柱約 1 公分的水，蒸 30 分鐘，放涼後挑掉貝唇，撕散成絲。

2 白菜切成寬條；蛋打散。

3 麵粉放在大一點的盆中，水龍頭開到最小的流量，慢慢將水滴入麵粉中，一邊滴、一邊用筷子攪動麵粉，將麵粉攪成小疙瘩。

4 取鍋熱 1 大匙油炒香蔥花，放入白菜同炒至軟，加入蒸瑤柱汁、水 4 杯、醬油，拌勻上蓋續滾。

5 放入麵疙瘩，再加入瑤柱，煮滾後改小火再煮一下，至麵疙瘩已熟，加鹽調味，最後淋下蛋汁，便可關火。

Jacko 的實做心得

❀ 若不使用瑤柱，也可以用蝦米代替。
❀ 瑤柱的貝唇部分有韌性，不易嚼爛，故挑掉較好。
❀ 瑤柱絲需最後放，以免鮮味被煮掉！

雪菜肉末麵

 材料

絞肉 120 公克
雪裡紅 300 公克
紅辣椒 1 支
細麵 300 公克
蔥花適量

 調味料

A
醬油 1 大匙
麻油 1/4 茶匙
B
醬油 1 大匙
糖 1/2 茶匙

2 人份

1 紅辣椒切圈；雪裡紅漂洗乾淨，擠乾水分，除去老葉，嫩梗部分切成細屑，再擠乾一些。

2 碗中放調味料 A 及蔥花，備用。

3 將 2 大匙油燒熱，放入絞肉炒熟，加入調味料 B、紅辣椒圈和雪裡紅快速拌炒。

4 加入約 3～4 大匙的水將味道炒勻，盛盤。

5 另煮滾水加入細麵煮熟，將適量煮麵水倒入作法 2 的碗中，再將熟麵放入。

6 加入雪菜肉末即完成。

希望還在觀望的你，可以利用這本食
譜，放心自己動手下廚，進入料理的世
界，找到屬於自己的那份幸福。

Part 7

湯
料理

煮出香甜好湯

義式蔬菜湯

20 分鐘

2~3 人份

材料

義大利通心麵 1/2 杯
白蘿蔔 250 公克
胡蘿蔔 1 小段
四季豆 6 支
大蒜末 2 茶匙
洋蔥 1/4 個
月桂葉 1 片
番茄 1 個

調味料

番茄配司 2/3 杯
肉骨高湯 6 杯
鹽、胡椒粉各適量
起司粉適量

1 洋蔥切指甲片；胡蘿蔔切 1/4 圓片；四季豆切約 1.5 公分小段；白蘿蔔切丁；番茄去皮，切丁。

2 煮滾水加 1 茶匙鹽，放入通心麵煮至熟，撈出拌入少許橄欖油備用；取鍋加入適量橄欖油，炒香洋蔥和大蒜末，再加胡蘿蔔、白蘿蔔、四季豆同炒約 2～3 分鐘。

3 將番茄配司和番茄丁加入同炒，再加入高湯及月桂葉煮 15 分鐘。

4 放入通心麵與湯同煮，同時加鹽、胡椒粉調味，裝盤後隨個人喜愛添加起司粉。

Jacko 的實做心得

❀ 這道義大利湯，加入番茄配司才會有酸度出現，湯中的麵可以替換成斜管麵、半圓形、星形或其他圖形的義大利麵。

奶油南瓜湯

10分鐘

2~3人份

材料
南瓜 400 公克
馬鈴薯 200 公克
洋蔥絲 100 公克
奶油 2 大匙
雞高湯 6 杯
鮮奶油 1 大匙
月桂葉 1 片
烤麵包丁適量

調味料
鹽、白胡椒粉各適量

1 南瓜去籽去皮，切成片；馬鈴薯削皮，切片。

2 奶油融化後將洋蔥絲先炒一下，香氣透出後加入雞高湯，放入南瓜、馬鈴薯和月桂葉，煮至南瓜及馬鈴薯變軟，關火。

3 用果汁機將作法2連汁打成細泥狀，倒回鍋中再煮滾，加鹽和白胡椒粉調味，關火。

4 裝入碗中後，加入鮮奶油，以牙籤劃出造型並撒上烤過的麵包丁即可上桌。

Jacko 的實做心得

❀ 加馬鈴薯可以增加綿細濃稠的口感，馬鈴薯和南瓜的比例可自己調整。

翡翠鮮蝦羹

10分鐘

 材料

鮮蝦 120 公克
洋菇 6 粒
豌豆片 80 公克
蔥 1 支
薑 2 片
水 4 杯
香菜段 1 大匙

 調味料

酒 1 大匙
鹽 1 茶匙
麻油 3 滴
胡椒粉 1/4 茶匙
太白粉水適量

 醃料

鹽、太白粉
各 1/4 茶匙

2～3 人份

1 鮮蝦去殼去腸泥後洗淨，擦乾水分，用刀面將鮮蝦拍扁成泥，依鮮蝦大小切成 2～3 段，用醃料拌勻，醃 5 分鐘。

2 豌豆片剝開，取豌豆仁備用；洋菇切片；蔥折半。

3 取鍋熱 2 大匙油煎黃蔥和薑片，放入洋菇略炒，淋下酒和水，煮滾後，挑掉蔥、薑，放入豌豆仁，再次煮滾後加鹽、胡椒粉調味。

4 放入蝦肉，煮滾後立刻勾芡，滴下麻油，起鍋前加入香菜段即可裝碗。

Jacko 的實做心得

❀ 這道湯品也可以使用冷凍青豆，但冷凍青豆要用熱水沖泡一下，以去除冷凍過的氣味。

西湖牛肉羹

10 分鐘

 材料

牛肉 150 公克
熟筍 1/2 支
罐頭洋菇 8 粒
青豆 1/2 碗
蛋白 1 個
蔥 1 支
薑 2 片
香菜段 1/4 茶匙

 調味料

酒 1 大匙
水 3 杯
醬油 1 茶匙
鹽 1/2 茶匙
太白粉水 3 大匙
胡椒粉適量
麻油數滴

 醃料

醬油 1/2 大匙
太白粉水 2 大匙

2~4 人份

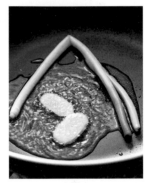

1 牛肉切小片，醃料拌勻後放入碗中，加入牛肉抓拌，醃 5 分鐘。

2 熟筍切指甲片；洋菇去蒂切片；蔥折一半；蛋白打散但不要起泡。

3 取鍋熱 1 大匙油煎香蔥和薑片，淋下酒和水 4 杯煮滾。

4 挑掉蔥、薑，放入筍片、青豆和洋菇再煮滾。

5 加入牛肉並加鹽、胡椒粉、醬油調味調色，煮滾後勾芡，淋下蛋白即可關火，滴下麻油，裝碗後放上香菜。

Jacko 的實做心得

✿ 也可使用牛絞肉。
✿ 也可使用新鮮洋菇，但新鮮洋菇會全部浮在湯面上，較不美觀。
✿ 粉狀調味料必須在勾芡前添加，否則容易結塊攪不散。

打滷蛋羹

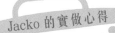
30 分鐘

 材料

蛋 3 個
水 3 杯
鮮蝦 6 隻
乾香菇 3 朵
小白菜隨意
豬肉片數片

 調味料

A
鹽 1/3 茶匙
B
醬油 1/2 大匙
鹽 1/2 茶匙
太白粉水 3 大匙
麻油 1/2 茶匙
胡椒粉 1/4 茶匙

 醃料

醬油 1 茶匙
太白粉 1 茶匙

2～4 人份

1 蛋加調味料 A 打散，加入 2 倍量的水調勻，過濾後倒入深湯碗中，以保鮮膜包住湯碗，戳幾個洞，放入鍋內蒸約 25 分鐘。

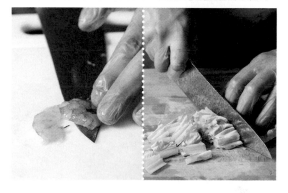

2 豬肉片加醃料，醃 5 分鐘；鮮蝦去殼、頭、尾，對半切，拌少許太白粉；香菇泡軟洗淨，去蒂後切成絲；小白菜切段。

3 鍋中加水及香菇同煮2～3 分鐘，放豬肉片及鮮蝦煮滾，加入醬油、鹽、胡椒粉調味後加入小白菜，待湯再滾即可勾芡。

4 滴下麻油，輕輕地倒在蒸好的蛋上即完成。

Jacko 的實做心得

❀ 蛋過濾後吃起來較滑嫩，若沒過濾，吃起來較硬。

❀ 包上保鮮膜可避免溫度快速上升，蛋過度膨脹。

❀ 菜上桌時，可以把底下的蒸蛋挖一點起來，使蛋浮在湯中，成為餐桌上的小驚喜。

銀魚羹

 材料

劬仔魚 1 杯
四季豆 1 把
胡蘿蔔 1 小段
蔥花 1 大匙
薑末 1 茶匙
水 5 杯

 調味料

酒 1/2 大匙
鹽 1/2 茶匙
太白粉水 2 大匙
胡椒粉 1/4 茶匙
麻油數滴

2~3 人份

1 四季豆摘好，斜切成細絲；胡蘿蔔切絲；劬仔魚用水快速沖洗一下，瀝乾水分。

2 鍋中燒熱 1～2 大匙油，放下蔥花、薑末、胡蘿蔔和四季豆炒一下，淋下酒烹香，倒入水煮滾，改小火煮約 2～3 分鐘。

3 放入劬仔魚，並加鹽調味，煮滾後撒下胡椒粉，再加入太白粉水勾芡，並滴下麻油。

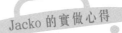 Jacko 的實做心得

✿ 可以用魚肉切成絲來替代劬仔魚。
✿ 因四季豆切絲容易煮過熟，所以要避免煮太久，以免失去口感。

蘿蔔絲鮮魚湯

材料
調味料

鮮魚 1 條
白蘿蔔 400 公克
蛤蜊 300 公克
蔥 2 支
薑 2 片
香菜屑 1/4 茶匙

酒 2 大匙
水 6 杯
鹽及胡椒粉各適量

2～3 人份

1 將魚鰭剪掉，魚打理乾淨；蛤蜊泡入薄鹽水中約 30 分鐘吐沙；白蘿蔔切粗絲；蔥對折。

2 用 2 大匙油煎香蔥和薑片，再放入魚略煎一下，淋下酒和水，煮滾後加入蘿蔔絲，轉小火煮 5 分鐘。

3 撈棄蔥後加入蛤蜊煮至開口，試味後，加鹽和胡椒粉調味，裝碗後撒下香菜屑即可。

Jacko 的實做心得

✿ 蘿蔔別切得太細，以免失去口感。
✿ 只要是新鮮的魚，如紅尼羅河魚、海吳郭魚、石斑魚等，都可以做這道湯。
✿ 蛤蜊可以提鮮，使料理的滋味更佳。
✿ 蛤蜊有鹹味，因此要待煮開口，湯汁出來後再調味。

蘆筍雞球湯

⏱ **10**分鐘

 材料

去骨雞腿肉 1 支
荸薺 5 粒
中芹菜 3 支
蔥 2 支
薑 2 塊
粗綠蘆筍 3 支
（或細的 10 支）
蛋 1 個
水 3 杯

 調味料

鹽 1 茶匙
白胡椒粉、麻油
各適量

 醃料

鹽 1/3 茶匙
蛋白 1 大匙
太白粉 1 茶匙
麻油 3 滴
白胡椒粉 1/4 茶匙

2~3 人份

1 蔥 1 支、薑 1 塊拍一下，加入 3 大匙水，浸泡一下，做成蔥薑水；剩餘的蔥切段、薑切片。

2 綠蘆筍削去老皮，切斜段；中芹切碎；蛋打散，煎成蛋皮，切成粗絲。

3 雞腿去皮後剁碎，放入大碗；荸薺拍一下，剁碎，擠去水分，也放入碗中。

4 將醃料和蔥薑水拌入碗中，攪拌至有點黏性，加入荸薺、中芹末拌勻。

5 爆香蔥、薑後加入水煮滾，將雞肉擠成球形放入湯中，以中小火煮至雞球浮起。

6 加入蘆筍段，湯一煮滾即加調味料調味，關火後撒下蛋皮絲即可。

Jacko 的實做心得

❀ 雞肉不要剁太細，有小顆粒才更有口感。
❀ 醃肉時加入蛋白，是為了增添肉的滑嫩口感，可加可不加。

索 引

🍗 肉類製品

主食穀糧

中餐大師系列

媽媽的菜：傅培梅家傳幸福的滋味
程安琪 著／定價 380 元

程安琪老師說：「媽媽的菜讓我靠近幸福！」本書集結了傅老師發明及設計的菜、表演時最愛做的菜、補習班必教的菜、及家裡最愛吃媽媽做的菜，並透過程安琪老師一一為讀者解說，一共五大章、82 道食譜的動人故事，希望大家也能嘗到這些幸福的味道！

聽師傅們說淮揚菜的故事
李阿金、李阿樹、李阿祿
李阿興、李阿進 著／定價 400 元

60 道經典名菜示範，6 大主題宴介紹，兄弟檔名廚，再現淮揚菜風華！淮揚菜精緻講究，滋味不凡，背後的故事更是精采絕倫。畢生投入鑽研淮揚菜精髓的李氏 5 兄弟，齊心合作，細說他們對淮揚菜的料理心得與動人故事……

傅培梅的家傳菜
程安琪、林慧懿 著／潘秉新 文字統籌
定價 380 元

書中寫出傳承三代的好滋味，有典故、有人情、有趣味，每道食譜都有實做經驗，還有烹飪要訣和美味關鍵心得分享，是市面上第一本經典家傳食譜！希望每個家庭都因此飄著菜香！

憶猶未盡之住家菜
Art of the Table : A Gourmet Chef's Home Cooking
劉冠麟 著／蕭維剛 攝影
定價 500 元

香港人也在家燒菜，從簡單的清蒸魚、費時的滷牛舌到複雜的八寶填鴨，看香港土生土長的劉冠麟師傅教你做所謂的住家菜，也就是台灣人所謂的家常菜，讓你像名導許鞍華作品裏的《桃姐》一樣擅長廚藝。

蔣偉文的幸福廚記

72道超人氣家常料理，享受美味好食光

SAN YAU
http://www.ju-zi.com.tw

三友圖書
友直 友諒 友多聞

作　　　者	蔣偉文
攝　　　影	蕭維剛
藝人經記	艾迪昇傳播事業有限公司
發 行 人	程安琪
總 策 畫	程顯灝
編輯顧問	錢嘉琪
編輯顧問	潘秉新
總 編 輯	呂增娣
主　　　編	李瓊絲
執行主編	鍾若琦
執行編輯	許雅眉
編　　　輯	吳孟蓉、程郁庭
編輯助理	鄭婷尹
美術主編	潘大智
美術編輯	劉旻旻、游騰緯
封面設計	游騰緯
行銷企劃	謝儀方
出 版 者	橘子文化事業有限公司
總 代 理	三友圖書有限公司
地　　　址	106 台北市安和路 2 段 213 號 4 樓
電　　　話	(02) 2377-4155
傳　　　真	(02) 2377-4355
E — mail	service@sanyau.com.tw
郵政劃撥	05844889 三友圖書有限公司
總 經 銷	大和書報圖書股份有限公司
地　　　址	新北市新莊區五工五路 2 號
電　　　話	(02) 8990-2588
傳　　　真	(02) 2299-7900
初　 版	2014 年 9 月
定　 價	新臺幣 398 元
Ｉ Ｓ Ｂ Ｎ	978-986-364-018-9（平裝）

國家圖書館出版品預行編目（CIP）資料

蔣偉文的幸福廚記：72 道超人氣家常料理，
享受美味好時光 / 蔣偉文作 . -- 初版 . -- 臺
北市：橘子文化，2014.09
　　面；　公分
ISBN 978-986-364-018-9(平裝)

1. 食譜 2. 烹飪

427.1　　　　　　　　　　　103014432

静置釀造。無毒健康

時間的好味道

全商品經SGS、Intertek、TUV檢測

非基因改造黃豆

請此虛線剪下 ✂

【活動辦法】憑此優惠券可享**優惠價**購買**黑金醬味組**
　　　　　　(商品內容：頂級黑金醬油X1、極品純黑豆豉X2)
【優惠時間】即日起~11月30日止
【兌換地點】

家樂福	重慶店專櫃-台北市大同區重慶北路二段171號	
	新店店專櫃-台北縣新店市中興路三段1號3樓	
	經國店專櫃-桃園市經國路369號B1	
台北	中和環球-台北縣中和市中山路三段122號	
台中	新光三越-台中市西屯區臺灣大道三段301號B2	
台中	中友百貨-台中市三民路3段161號	
高雄	大統百貨-高雄市和平一路218號B2	
高雄	漢神巨蛋-高雄市左營區博愛二路777號B1松青超市	
花蓮	遠東百或-花蓮市和平路581號B1	

- 相關資訊 -

免付費服務專線
0800-25-3399

黑金醬味組 原價$~~750~~
優惠價$599

小磨坊®

吃飯
珍青鬆®

灑兩下，
吃飯真輕鬆

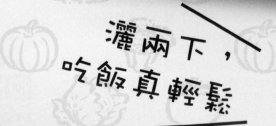

吃飯
珍青鬆
Multi-Nuts Furikake
Rice Seasoning
堅果均衡元素
NET WT. 90g (3.17oz)

吃飯
珍青鬆
Bonito Furikake
Rice Seasoning
鰹魚營養元素
NET WT. 90g (3.17oz)